U0592293

中国作物种质资源
科学调查与研究报告
四川卷

杨武云 等 编著

科 学 出 版 社

北 京

内 容 简 介

本书主要介绍了四川参与"第三次全国农作物种质资源普查与收集行动"的背景意义，开展的具体情况、主要成效、主要作用，发掘的优异种质资源情况等；概述了四川农作物种质资源的分布、类型；总结了四川省农业科学院在农作物地方品种收集、保存、鉴定和评价等方面所做的工作。本书对四川水稻、玉米、麦类作物、油菜、薯类作物、豆类作物、果树、茶树、桑树和蔬菜作物的资源多样性进行了分析，选录了部分优异四川农作物地方品种，并对其进行了资源描述。

本书可供作物遗传与育种、作物种质资源保护与利用等研究领域的科研人员、教师、研究生，以及相关农业工作者阅读、参考。

图书在版编目（CIP）数据

中国作物种质资源科学调查与研究报告. 四川卷 / 杨武云等编著.
北京：科学出版社，2024. 7. -- ISBN 978-7-03-079150-4

Ⅰ. S329. 2

中国国家版本馆 CIP 数据核字第 2024XF5315 号

责任编辑：陈　新　郝晨扬/责任校对：郑金红
责任印制：肖　兴/封面设计：无极书装

科学出版社 出版
北京东黄城根北街 16 号
邮政编码：100717
http://www.sciencep.com
北京中科印刷有限公司印刷
科学出版社发行　各地新华书店经销
*
2024 年 7 月第 一 版　开本：787×1092　1/16
2024 年 7 月第一次印刷　印张：12 3/4
字数：300 000

定价：268.00 元
（如有印装质量问题，我社负责调换）

《中国作物种质资源科学调查与研究报告·四川卷》
编著者名单

主要编著者　杨武云　吕季娟　项　超

其他编著者（以姓名汉语拼音为序）

范元芳　冯俊彦　高方远　贺孝思　黄盖群

江国良　赖　佳　李　俊　林超文　刘　刚

刘　强　蒲志刚　蒲宗君　舟茂林　宋海岩

陶　磊　万洪深　王娴淑　王小萍　许文志

杨　峰　叶鹏盛　余桂容　张　鸿　张锦芳

钟光跃　朱永群

农作物种质资源是保障国家粮食安全和重要农产品有效供给的战略性资源，是农业科技原始创新与现代种业发展的物质基础。四川是全国种业和种质资源大省，是全国四大育制种基地之一。四川农作物种质资源丰富，属于全球生物多样性的热点地区，在世界上具有重要地位。目前，四川保存农作物种质资源达 7 万余份。党的十八大以来，四川高度重视农作物种质资源保护与利用工作，在种质资源收集、保存和创新利用等方面走在全国前列，种质资源保护体系的构建取得初步成效。但近年来，随着工业化和城镇化进程的加快、气候环境变化，农作物种质资源数量和区域分布发生很大变化，部分种质资源消失风险加剧，一旦灭绝，其蕴含的优异基因也将随之消亡，损失难以估量。四川虽然是种质资源大省，但还不是种质资源强省。目前，许多种源与国际先进水平还有一定差距，究其原因是优异种质资源储备不足，精准鉴定挖掘不够。打好种业翻身仗，首先应加强种质资源保护利用，当务之急就是摸清四川农作物种质资源家底，开展农作物种质资源普查与收集。通过开展农作物种质资源普查与收集，明确不同农作物种质资源的多样性和演化特征，预测今后农作物种质资源的变化趋势，防止具有重要潜在利用价值的种质资源灭绝，通过抢救性收集保存，为未来国家生物产业的发展提供源源不断的基因资源，提升产业国际竞争力。为此，2018 年 4 月在农业农村部的统一部署下，四川全面启动了"第三次全国农作物种质资源普查与收集行动"。

2018～2023 年，在农业农村部种业管理司的正确领导和"第三次全国农作物种质资源普查与收集行动"项目办公室的悉心指导下，在四川省委省政府的高度重视和大力支持下，四川省农业农村厅与四川省农业科学院密切合作，会同四川 21 个市（州）的 162 个普查县（市、区）、48 个系统调查县（市、区），克服新冠疫情、高原高海拔等不利因素的影响，广大普查人员积极担当作为，不畏艰难险阻，勇于攻坚克难，高质量完成了四川农作物种质资源普查与收集工作，征集、收集种质资源 9880 份并全部移交国家作物种质库（圃）保存。本书系统总结了四川"第三次全国农作物种质资源普查与收集行动"开展的具体情况、主要成效、主要作用、发掘出的优异种质资源情况等，同时简要分析总结了四川特色优势农作物水稻、玉米、麦类作物、油菜、薯类作物、豆类作物、果树、茶树、桑树和蔬菜作物种质资源的情况与优异种质资源在农业特色产业中发挥的重要作用，并对四川农作物种质资源的有效保护和可持续利用提出了相应的对策。

本书是四川农作物种质资源团队共同努力的结果，由多个研究单位多学科专家共同参与编写。吕季娟、项超、王娴淑负责编写第一章和第二章，钟光跃负责编写第三章，余桂容负责编写第四章，李俊、万洪深负责编写第五章，张锦芳负责编写第六章，冯俊彦负责编写第七章，项超、范元芳负责编写第八章，宋海岩、王小萍、黄盖群负责编写第九章，赖佳、杨峰负责编写第十章，朱永群、李俊负责编写第十一章。杨武云、蒲宗君、叶鹏盛、蒲志刚、刘刚、林超文、冉茂林、江国良、许文志、贺孝思、陶磊等参与了全书的组织策划、技术指导并负责统稿。在本书撰写和出版过程中，得到了"第三次全国农作物种质资源普查与收集行动"项目办公室和技术专家组、中国农业科学院作物科学研究所、四川省农业科学院科技管理处、四川省种子站等有关单位的支持；科学出版社编辑对文稿做了认真细致的编辑加工，保证了出版质量。在本书付梓之际，谨向所有参与编写、审校、统稿、修改的各位专家表示衷心感谢！

向所有参与四川"第三次全国农作物种质资源普查与收集行动"的调查队员、资源专家、各级农业部门普查人员和热心群众致以崇高的敬意！

由于水平有限，书中不足之处在所难免，恳请读者批评指正。

编著者

2024 年 6 月

目 录

第一章

概　述

第一节　调查与研究背景

农作物种质资源是保障粮食安全、生物产业发展和生态文明建设的国家关键性战略资源。近年来，随着生物技术的快速发展，各国围绕重要基因发掘、创新和知识产权保护的竞争越来越激烈。人类未来面临的食物、能源和环境危机问题的解决都有赖于种质资源的占有。作物种质资源越丰富，基因开发潜力越大，生物产业的竞争力就越强。我国农作物种质资源家底不清、丧失严重。我国分别于1956～1957年、1979～1983年对农作物种质资源进行了两次普查，但涉及范围小，作物种类少，尚未查清我国农作物种质资源家底。近年来，随着自然环境、种植业结构和土地经营方式等的变化，大量地方品种迅速消失，作物野生近缘植物资源也因其赖以生存繁衍的栖息地遭受破坏而急剧减少。因此，尽快开展农作物种质资源的全面普查和抢救性收集，查清我国农作物种质资源家底，丰富我国农作物种质资源基因库，保护携带重要基因的资源十分迫切。通过开展农作物种质资源普查与收集，明确不同农作物种质资源的品种多样性和演化特征，预测今后农作物种质资源的变化趋势，丰富国内农作物种质资源的数量和多样性，不仅能够防止具有重要潜在利用价值的种质资源的灭绝，而且通过妥善保存，还能够为未来国家生物产业的发展提供源源不断的基因资源，提升国际竞争力。

"一粒种子可以改变一个世界，一项技术能够创造一个奇迹。"习近平总书记指出，要下决心把民族种业搞上去，抓紧培育具有自主知识产权的优良品种，从源头上保障国家粮食安全。仓廪充实、餐桌丰富，种业安全是基础。打好种业翻身仗，让种业装上更多"中国芯"，我们才能把中国人的饭碗牢牢端在自己手中。到目前为止，我国尚未形成完善的种质资源利用、基因挖掘、品种研发、产品开发、产业化应用的全链条组织体系。科研人员缺少产业化推广的精力和能力，且种子企业普遍小而散，科研水平不高，产学研深度融合有待进一步落实。为贯彻落实《全国农作物种质资源保护与利用中长期发展规划（2015—2030年）》（农种发〔2015〕2号），在财政部支持下，自2015年起，农业部（现农业农村部）组织开展"第三次全国农作物种质资源普查与收集行动"。该行动是《全国农作物种质资源保护与利用中长期发展规划（2015—2030年）》的第一大行动，由中国农业科学院作物科学研究所牵头实施，对全国2228个农业县（市、区）进行普查与征集，对其中665个种质资源丰富的县（市、区）进行系统调查与抢救性收集，征集和收集10万份农作物种质资源，鉴定评价后编目入库保存7万份，并建立第三次全国农作物种质资源普查与收集数据库。

农作物种质资源是作物新品种选育和农业科技原始创新的物质基础，是农业的"芯片"。四川是全球生物多样性的热点地区，是农作物种质资源丰富的地区之一，在全国具有重要地位。2018 年 4 月，农业农村部在四川启动"第三次全国农作物种质资源普查与收集行动"，各级领导、有关单位及科技人员都给予高度重视，认真对待，本着对历史、对子孙后代负责的态度，开展了此项工作。旨在做好种质资源系统调查与收集工作的同时，创新体制机制，加强种质资源收集和保存，做好种质资源的鉴评和深度挖掘利用，加快培育满足市场需求的突破性优良品种，为我省现代种业发展和保障食物安全提供良种支撑，以种业兴旺助推乡村产业振兴。

第二节　总体目标

一、农作物种质资源普查和征集

对四川 162 个农业县（市、区）开展各类农作物种质资源的全面普查，基本查清粮食作物、经济作物、蔬菜作物、果树作物、牧草等栽培作物古老地方品种的分布范围、主要特性及农户认知等基本情况，查清重要作物的野生近缘植物种类、地理分布、生态环境和濒危状况等重要信息，查清各类作物的种植历史、栽培制度、品种更替、社会经济和环境变化等基本信息，填写"第三次全国农作物种质资源普查与收集行动普查表"。在此基础上，征集各类栽培作物和野生近缘植物种质资源 3200～4800 份，并填写"第三次全国农作物种质资源普查与收集行动种质资源征集表"。

二、农作物种质资源系统调查与抢救性收集

在普查基础上，对 48 个农作物种质资源丰富的农业县（市、区）进行各类作物种质资源的系统调查，调查各类农作物种质特征特性、地理分布、历史演变、栽培方式、利用价值、濒危状况和保护利用情况，填写"第三次全国农作物种质资源普查与收集行动调查表"。抢救性收集各类栽培作物的古老地方品种、种植年代久远的育成品种、重要作物的野生近缘植物以及其他珍稀、濒危野生植物种质资源 3840～4800 份。

三、农作物种质资源数据库建设

建立四川省农作物种质资源普查数据库和编目数据库，编写四川省农作物种质资源普查报告、系统调查报告、种质资源目录和重要作物种质资源图像等技术报告。

第三节　实施方案与组织管理

一、组织实施

（一）强化系统部署，有力有序推进

在农业农村部的统一部署下，2018年4月13日，"第三次全国农作物种质资源普查与收集行动"2018年工作会议在成都召开，全面启动四川省2018年农作物种质资源普查与收集工作。2018～2023年，农业农村部先后分年度印发了《第三次全国农作物种质资源普查与收集行动实施方案》，明确了我省各年度的责任分工、目标任务和工作进度。省委省政府高度重视，四川省农业农村厅联合四川省农业科学院、四川省种子站等相关单位成立领导小组。省、市、县三级联动，层层压实工作责任。同时，通过定期调度、报送年终总结及召开工作会议等形式，掌握和了解我省工作开展情况，确保我省按时保质保量完成任务，并于2023年通过国家考核验收。

（二）党政高度重视，强化政策引领

四川省委省政府高度重视农作物种质资源普查与收集工作，2018年8月，四川省政府出台《关于加强农林业种质资源保护利用工作的意见》（川办发〔2018〕64号），提出要重点开展种质资源调查工作。2018年11月，四川省委副书记、省长在四川省农业科学院调研时指出要加强农作物种源保护重点工作。2019年1月，四川省农业科学院副院长在四川省人民政府第22次常务会议上讲解了农业种质资源的保护与利用。2020年6月，四川省政府办公厅印发《四川省加强农业种质资源保护与利用工作重点任务清单》（〔2020〕168号），明确开展农作物种质资源普查与收集的目标任务。2021年3月，四川省委书记赴四川省农林畜草科研院所调研并主持召开座谈会，详细了解四川种质资源保护与利用情况，要求加快种质资源普查和抢救性调查。同年6月，副省长在全省农业种质资源普查部署电视电话会议上，就扎实做好农业种质资源普查工作作出重要指示，并于9月主持召开专题会议，部署推进农业种质资源普查工作。2022年2月，四川省委副书记、省长前往成都市调研耕地保护和春耕生产工作，深入试验田察看油菜、小麦等种质资源保护情况，强调要实施种业振兴行动，加快四川省种质资源中心库建设。2023年6月，中共中央政治局常委、全国人大常委会委员长莅临国家西南特色园艺作物种质资源圃视察指导，指出要依法加强种质资源保护与利用。

部分县级党委政府强化法规制度建设，加大资源保护力度。北川羌族自治县为加强苔子茶资源的保护和科学利用，专门出台了《北川羌族自治县北川苔子茶古茶树保护条例》。三台县出台《关于进一步加强农业种质资源保护与利用的意见》《三台县人民政府关于建立三台县麦冬资源保护区的实施意见》，细化保护责任，完善奖惩制度，有效保障了三台麦冬、蚕桑等种质资源的保护和利用。洪雅县制定《洪雅县老川茶品种保护实施方案》，对老川茶采取母本树认证、挂牌确认、建设围栏保护、建立专项管护经费、确定管护人员等方式进行保护。

（三）制定实施方案，切实抓好落实

2018年农业农村部下达了162个普查县（市、区）和48个系统调查县（市、区）的农作物种质资源普查与收集任务，为确保普查与收集工作的顺利实施，四川省农业农村厅印发了《四川省农作物种质资源普查与收集行动实施方案》（川农业函〔2018〕306号）和《四川省农业农村厅关于开展全省农业种质资源普查的通知》（川农发〔2021〕113号），四川省农业科学院印发了《第三次全国农作物种质资源普查与收集行动四川省系统调查与抢救性收集工作实施方案》（农院函〔2018〕157号），全面部署我省普查与收集工作。构建省、市、县三级联动，部门协同推进的工作机制，统筹推进普查与收集行动的落地落实。

二、支撑本次行动实施的相关措施

（一）成立领导小组，加强组织保障

我省成立了由四川省农业农村厅分管厅领导任组长，四川省农业科学院、四川省种子站相关负责人为成员的四川省第三次全国农作物种质资源普查与收集行动领导小组，负责全省农作物种质资源普查与收集行动的组织协调和监督管理；成立由四川省农业科学院相关专家组成的专家组，提供技术支撑和服务；领导小组和专家组指导各级农业农村部门成立领导小组和技术专家组，制定并印发本地区《第三次全国农作物种质资源普查与收集行动实施方案》，强化组织领导，落实责任分工。

（二）明确责任分工，落实工作职责

我省按照"全省统一领导、地方分级负责、各方共同参与"的原则，有序推进农作物种质资源普查与收集行动。四川省农业农村厅负责组织推动农作物种质资源普查与征集、系统调查和抢救性收集等有序开展，21个市（州）农业农村部门负责普查与征集工作的日常督导、报表初审及汇交，县级种子、农技、经作、茶果、饲草等站（所）和乡（镇）农业综合服务站等协同开展辖区内的农作物种质资源普查与征集工作。四川省农业科学院负责系统调查和抢救性收集工作，以"组长+副组长+成员"的模式，从涉及作物种质资源研究的专业研究所抽调精干力量，成立了第三次全国农作物种质资源普查与收集行动领导小组及专业调查技术小组。同时，四川省农业科学院创新工作举措，采取调查小组与调查小队相结合的形式开展调查收集工作。调查小组由研究相近作物种类的专家组成，负责普查县（市、区）上交征集种质资源和系统调查收集资源的汇总、鉴定评价等工作。调查小队由研究不同作物种类的专家组成，是深入48个县（市、区）实地实施系统调查和种质资源收集的工作小组。

（三）狠抓督促指导，推进工作落实

一是建立分片责任制度。省内各级种子站内部实行站领导包片区、业务骨干包区县，落实责任、开展相关指导与跟踪督促。二是建立两级工作督导制度，一级督导由各市（州）种子管理站对本辖区内的各普查县（市、区）农作物种质资源普查与征集工作推进情况进

行日常督导；二级督导由四川省种子站派出工作小组分赴各市（州）督导行动进展，对于工作进展滞缓的县（市、区），当场发出书面整改通知书，限期整改。三是建立约谈制度。约谈进度严重滞后的县（市、区）农业主管部门分管领导和种子管理部门主要负责人，要求提供工作任务清单和时间进度表，加快推进普查工作。

（四）强化指导沟通，实现共同发力

1.举办技术培训，夯实人才基础

我省先后举办三次农作物种质资源普查与收集技术培训班，分别对 162 个普查县（市、区）农业主管部门分管领导和种子管理部门主要负责人、21 个市（州）种子管理部门主要负责人和相关技术人员进行了专题培训，分类进行指导。培训主要内容与解决的问题包括：解读农作物种质资源普查与收集实施方案及管理办法，培训文献资料查阅、资源分类、信息采集、数据填报、样本征集、资源保存等方法，以及如何与农户座谈交流等。

2018 年 4 月，我省在农业农村部种子局、中国农业科学院的直接领导和大力支持下，对 162 个普查县（市、区）农业主管部门分管领导和种子管理部门主要负责人进行了全面培训，为本次行动的开展奠定了基础。四川省农业农村厅印发《四川省农作物种质资源普查与收集行动实施方案》后，我省又迅速组织 21 个市（州）种子管理部门主要负责人和相关技术人员进行培训，进一步强调了种质资源普查与收集工作的重大意义，就切实做好我省普查与征集工作进行了相应的安排部署。

2018 年 8 月，针对基层种质资源实物和影像采集技术能力薄弱问题，我省组织召开专题技术培训，邀请四川省农业科学院从事果树、蔬菜等种质资源工作的相关专家，对 21 个市（州）、162 个县（市、区）种子管理部门主要负责人及相关技术人员进行培训。各市级农业主管部门通过组织本辖区内各普查县（市、区）到工作进度快、成效显著的县（市、区）学习交流、举办总结交流会等不同方式，进行培训指导，帮助工作进展缓慢的县（市、区）顺利推进工作。

四川省农业科学院、各普查县（市、区）采取不同形式，分别对技术人员和乡（镇）一线农技人员开展技术培训和召开座谈会，强调普查的必要性和紧迫性，明确目标任务和工作方法，召开各级培训会、座谈 1692 场，培训人员 60 479 人（次）。

2.印发指导手册，搭建交流平台

四川省农业科学院起草并印制《四川省农作物种质资源普查与收集指导手册》，明确普查与收集工作的任务、程序方法、资源采集和保管、资源定位与影像采集等，指导调查人员和普查县（市、区）基层一线工作人员开展工作，有效保障普查与收集各项工作的科学性和规范性。四川省农业科学院、四川省种子站利用微信、QQ 等网络媒介，搭建普查办专家、省级技术专家与普查工作人员的实时交流平台，为普查征集与调查收集工作提供技术保障。

三、政策资金支持与科普宣传

（一）强化政策支持

1. 加大绩效考核力度

2020 年我省在全国率先将"农业种质资源保护与利用工作"纳入各市（州）年度政务目标考核，普查行动作为重要评估指标。自 2021 年起，明确将种质资源普查工作纳入乡村振兴战略实绩考核。自 2022 年起，将此项工作纳入粮食安全党政同责考核，层层传导压力，有效推动各级农业部门以务实的作风贯彻落实年度目标任务。

2. 加大种质资源收集力度

2022 年，在完成国家普查与收集任务的基础上，我省结合实际，省财政设立专项支持新增 14 个调查县重点开展农作物与食药用菌种质资源收集工作，进一步强化我省种质资源保护能力，丰富资源储备。

3. 加大人才队伍培养力度

鼓励支持科技人员从事种质资源保护，健全农业科技人才分类评价制度。四川省科学技术厅、四川省人力资源和社会保障厅联合印发了《四川省自然科学研究人员职称申报评审基本条件》（川科人〔2020〕45 号），将种质资源的收集保护、鉴定评价、分发共享等工作成效纳入职称评审，作为业绩和资历认定依据，为我省农业种质资源科技人才队伍培养提供了政策保障。

（二）强化资金支持

2018～2023 年，省财政累计安排资金 12 847.2 万元用于保护体系的建设和种质资源的收集鉴定评价，其中 9223 万元用于四川省种质资源中心库建设，3624.2 万元用于农作物种质资源圃建设和种质资源的收集保存鉴评工作，进一步加大了我省种质资源收集与保护力度。

部分市（州）为种质资源收集保护安排了专项资金。自 2021 年起，泸州市每年通过市财政累计安排资金 222 万元，用于 7 个区（县）种质资源普查经费补助、水稻种质资源创制与选育、古茶树保护、糯稻资源圃建设等农作物种质资源保护与利用的相关工作。甘孜藏族自治州（后简称甘孜州）自 2019 年以来，累计拨付 24.5 万元用于农作物种质资源普查与收集行动工作，为普查与收集工作提供经费支持。凉山彝族自治州（后简称凉山州）财政 2021 年下达全州农业种质资源普查专项资金，17 个县每县补助 1 万元用于农作物种质资源普查。2019～2023 年，共 10 个市（州）财政累计支持 392.5 万元用于农作物种质资源保护工作。

县级财政大力支持该项工作。叙州区、蒲江县、新津区、崇州市、富顺县、安州区等相关财政部门专项配套资金补助一线普查人员开展普查征集工作。蓬溪县、大英县等发布有偿征集公告，对优异种质资源的提供人给予每份种质资源 100～200 元的奖励，有效调动群众参与普查征集行动的积极性。丹棱县支持建设资源圃，对采集的种质资源进行归置保护。2018～2023 年，共 24 个县（市、区）财政累计支持 344.79 万元用于农作物种质资源保护工作。

（三）强化宣传引导

为提升全社会参与保护农业种质资源多样性的意识，营造全社会共同关注种质资源保护的氛围，确保普查与收集行动取得实效，四川省人民政府网站专栏《跟省长一起学》专题学习农业种质资源保护与利用，通过中央主流媒体和省级主流媒体开展宣传 150 余次，出版了《农作物优异种质资源与典型事例——四川、陕西卷》。对此次行动重要性、行动进展情况、普查中出现的优异种质资源和典型案例等方面进行全方位、多角度宣传，引起公众较高的关注，增强了社会的种质资源保护意识和参与度，取得良好成效。

通过普查专项工作的实施，在部分国家队伍和相关高级专家的督导及帮助下、中央电视台及时报道下，省（市、县）各级政府充分认识到农作物种质资源的重要性，并主动采取行动参与相关工作，大力宣传种质资源保护与可持续利用的重大意义，极大地扩大了专项实施的影响力。同时，四川省农业科学院对 2019～2022 年农作物种质资源普查与收集工作中涌现的 57 个先进单位、57 名先进个人进行了表彰，以鼓励市、县、乡各级对种质资源工作的重视，加大地方对特有濒危种质资源的科学保护力度。

2021 年 5 月，四川省农业科学院在郫都基地召开了现代种业芯片成就展（小麦季）现场观摩会；10 月 11 日，邀请相关领域专家在新收集大豆地方种质资源中鉴评出最适合豆浆加工的 6 份优质大豆种质资源，进行了宣传报道并反馈给四川省农业农村厅、地方农业部门，以期助力地方豆类产业，为乡村振兴提供产业支撑。

为了更好地宣传和展示四川"第三次全国农作物种质资源普查与收集行动"项目成果，在全省开展了四川新发现的优异农作物种质资源评选工作，评选出甲着小麦、奶桑、红皮香豆、黄金荚和德昌香稻共 5 个新发现的优异农作物种质资源。

市、县两级农业主管部门积极组织报刊、电视台、新媒体等媒介进行相关报道，宣传农作物种质资源普查与收集的目的和意义，广泛征集本地农作物种质资源，发布简讯和公告 2615 篇（次），悬挂横幅 3106 条；通过开展座谈、利用乡（镇）赶场集中宣传、出动宣传车辆广播等方式进行实地宣传，发放宣传资料 450 473 份，有效增强了群众的种质资源保护意识和对普查征集工作的认识，动员全社会积极参与普查征集工作。

第四节 目标执行情况

一、目标总体执行情况

截至 2018 年底，四川省已完成 162 个农业县（市、区）1956 年、1981 年、2014 年的普查表数据收集和汇总，基本查清了各类作物的种植历史、栽培制度、品种更替、社会经济和环境变化，以及重要作物的野生近缘植物种类、地理分布、生态环境和濒危状况等重要信息。到 2019 年 1 月中旬，已征集种质资源 5655 份，其中 4300 份（粮食作物种质资源 1348 份、经济作物种质资源 2865 份、牧草绿肥作物种质资源 87 份）已进行登记。同时，有 54 份果树资源已提交国家种质资源圃。通过专家初步鉴定，四川省收集到一批极具开发价值的特异性、独占性地方品种和特色资源，如米色红润鲜亮、营养丰富的梯田红米，个大饱满、蒜味浓郁的彭州大蒜，我国熟期最晚的带绿荔枝，有"中国第一奶桑王"之称的古桑树。这些特色资源对选育出突破性新品种、推动我省特色农业发展、建设农业强省具有十分重要的意义。

2018~2023 年，在农业农村部、普查办的领导和指导下，四川省农业农村厅、四川省农业科学院、各项目县（市、区）农业农村局等所有普查、调查人员不畏艰难，走访了 21 个市（州）、162 个县（市、区）、4226 个乡（镇）、4669 个村委会，访问了 54 538 位村民和 5941 位基层干部、农技人员，总行程 51 万 km 以上，采集数据 46 万余条。完成了农业农村部下达的 162 个普查县（市、区）和 48 个系统调查县（市、区）的任务，提交 1956 年、1981 年、2014 年三个年度普查表，高质量填写并上交 162 份"第三次全国农作物种质资源普查与收集行动普查表"，基本摸清了我省种质资源种植历史、品种更替、地理分布、栽培制度、生长特性等基本信息；普查征集和调查收集各类古老、珍稀、特有、名优的作物地方品种和野生近缘植物种质资源 9880 份，实现了区域、生态和作物的全覆盖。

二、目标完成情况

（一）农作物种质资源普查与征集

完成了对全省 162 个农业县（市、区）开展各类农作物种质资源的全面普查，基本查清了粮食作物、经济作物、蔬菜作物、果树作物、牧草等栽培作物古老地方品种的分布范围、主要特性及农户认知等基本情况，查清了重要作物的野生近缘植物种类、地理分布、生态环境和濒危状况等重要信息，查清了各类作物的种植历史、栽培制度、品种更替、社会经济和环境变化等基本信息，填写了"第三次全国农作物种质资源普查与收集行动普查表"。在此基础上，共征集各类作物地方品种和野生近缘植物种质资源 4516 份，除乐山市市中区外，每个普查县（市、区）征集种质资源数量均≥20 份（表 1-1），填写了"第三次全国农作物种质资源普查与收集行动种质资源征集表"并提交至普查办公室，全面完成了目标任务。

表 1-1 各普查县（市、区）征集种质资源情况

序号	普查县（市、区）	征集种质资源份数	序号	普查县（市、区）	征集种质资源份数	序号	普查县（市、区）	征集种质资源份数
1	阿坝县	28	10	布拖县	23	19	丹棱县	25
2	安居区	21	11	苍溪县	25	20	道孚县	32
3	安岳县	27	12	朝天区	32	21	稻城县	25
4	安州区	23	13	崇州市	22	22	得荣县	22
5	巴塘县	35	14	达川区	29	23	德昌县	38
6	巴州区	24	15	大邑县	25	24	德格县	24
7	白玉县	32	16	大英县	21	25	东兴区	27
8	宝兴县	24	17	大竹县	37	26	都江堰市	21
9	北川羌族自治县	47	18	丹巴县	28	27	峨边彝族自治县	29

续表

序号	普查县（市、区）	征集种质资源份数	序号	普查县（市、区）	征集种质资源份数	序号	普查县（市、区）	征集种质资源份数
28	峨眉山市	23	63	阆中市	23	98	平昌县	30
29	恩阳区	22	64	乐山市市中区	1	99	平武县	58
30	富顺县	23	65	乐至县	26	100	屏山县	24
31	甘洛县	20	66	雷波县	27	101	蒲江县	26
32	甘孜县	30	67	理塘县	27	102	普格县	25
33	高坪区	24	68	理县	20	103	前锋区	35
34	高县	23	69	邻水县	27	104	青白江区	28
35	珙县	40	70	龙马潭区	28	105	青川县	32
36	古蔺县	39	71	龙泉驿区	26	106	青神县	24
37	广汉市	24	72	隆昌市	32	107	邛崃市	25
38	汉源县	29	73	芦山县	24	108	渠县	33
39	合江县	29	74	炉霍县	23	109	壤塘县	21
40	黑水县	23	75	泸定县	28	110	仁和区	26
41	红原县	21	76	泸县	28	111	仁寿县	31
42	洪雅县	24	77	罗江区	22	112	荣县	24
43	华蓥市	37	78	马边彝族自治县	26	113	若尔盖县	25
44	会东县	34	79	马尔康市	22	114	三台县	23
45	会理市	25	80	茂县	22	115	色达县	23
46	嘉陵区	21	81	美姑县	24	116	沙湾区	25
47	夹江县	24	82	米易县	24	117	射洪市	34
48	犍为县	26	83	绵竹市	21	118	什邡市	27
49	简阳市	41	84	冕宁县	31	119	石棉县	27
50	剑阁县	42	85	名山区	24	120	石渠县	32
51	江安县	27	86	木里藏族自治县	23	121	双流区	20
52	江油市	51	87	沐川县	29	122	松潘县	22
53	金川县	23	88	纳溪区	28	123	天全县	30
54	金口河区	24	89	南部县	25	124	通江县	53
55	金堂县	25	90	南江县	26	125	万源市	20
56	金阳县	20	91	南溪区	27	126	旺苍县	24
57	井研县	26	92	宁南县	27	127	威远县	22
58	九龙县	26	93	彭山区	27	128	温江区	20
59	九寨沟县	30	94	彭州市	36	129	汶川县	21
60	筠连县	23	95	蓬安县	55	130	五通桥区	28
61	开江县	26	96	蓬溪县	20	131	武胜县	29
62	康定市	40	97	郫都区	21	132	西昌市	20

续表

序号	普查县（市、区）	征集种质资源份数	序号	普查县（市、区）	征集种质资源份数	序号	普查县（市、区）	征集种质资源份数
133	西充县	27	144	雅江县	29	155	岳池县	48
134	喜德县	23	145	沿滩区	23	156	越西县	28
135	乡城县	41	146	盐边县	25	157	长宁县	29
136	小金县	21	147	盐亭县	43	158	昭化区	27
137	新都区	21	148	盐源县	24	159	昭觉县	26
138	新津区	25	149	雁江区	23	160	中江县	28
139	新龙县	27	150	仪陇县	39	161	资中县	31
140	兴文县	22	151	荥经县	33	162	梓潼县	29
141	叙永县	61	152	营山县	24	163	自流井区	20
142	叙州区	41	153	游仙区	28	合计		4516
143	宣汉县	30	154	雨城区	22			

（二）农作物种质资源系统调查与抢救性收集

在普查基础上，全面完成了 48 个农作物种质资源丰富的农业县（市、区）各类作物种质资源的系统调查，调查各类农作物种质特征特性、地理分布、历史演变、栽培方式、利用价值、濒危状况和保护利用情况，抢救性收集各类作物种质资源 5364 份并提交至国家作物种质库（圃），除游仙区、泸定县、道孚县、德格县及白玉县外，每个调查县（市、区）收集种质资源数量均＞80 份（表 1-2），填写了 5364 份"第三次全国农作物种质资源普查与收集行动调查表"并提交至"第三次全国农作物种质资源普查与收集行动"项目办公室。

表 1-2　各调查县（市、区）收集种质资源数量

序号	调查县（市、区）	收集种质资源份数	序号	调查县（市、区）	收集种质资源份数	序号	调查县（市、区）	收集种质资源份数
1	龙泉驿区	165	14	犍为县	116	27	万源市	89
2	都江堰市	98	15	沐川县	104	28	荥经县	98
3	彭州市	140	16	峨边彝族自治县	154	29	汉源县	157
4	米易县	127	17	马边彝族自治县	88	30	天全县	92
5	盐边县	148	18	峨眉山市	101	31	芦山县	171
6	合江县	112	19	仪陇县	119	32	宝兴县	97
7	古蔺县	94	20	仁寿县	224	33	巴州区	105
8	北川羌族自治县	103	21	洪雅县	105	34	恩阳区	116
9	平武县	90	22	长宁县	91	35	通江县	90
10	旺苍县	104	23	珙县	113	36	南江县	121
11	青川县	98	24	华蓥市	119	37	平昌县	118
12	剑阁县	111	25	宣汉县	93	38	汶川县	101
13	苍溪县	93	26	渠县	130	39	松潘县	93

续表

序号	调查县（市、区）	收集种质资源份数	序号	调查县（市、区）	收集种质资源份数	序号	调查县（市、区）	收集种质资源份数
40	九寨沟县	92	45	丹巴县	104	50	泸定县	12
41	金川县	91	46	甘孜县	85	51	道孚县	7
42	小金县	87	47	昭觉县	90	52	德格县	3
43	阿坝县	96	48	越西县	85	53	白玉县	2
44	康定市	120	49	游仙区	2		合计	5364

（三）农作物种质资源数据库建设

对普查与征集、系统调查与抢救性收集、鉴定评价与编目等的数据和信息进行了系统整理，编写四川省农作物种质资源普查报告、系统调查报告、种质资源目录和重要农作物种质资源图像等资料及数据，按照统一标准和规范，进行编目、储存，建立了全省农作物种质资源普查数据库和编目数据库。

第二章

四川农作物种质资源状况分析

第一节 四川农作物种质资源总体概况

通过与前两次普查结果相比较发现，随着国家对农作物种质资源重视程度的不断提高和对农作物种质资源普查投入力度的持续加大，本次资源普查征集和收集到的农作物种质资源不仅作物种类显著增加，而且采集信息质量明显提高，同时，总体呈现出地方品种资源急剧减少而育成品种快速增加的特点。

一、三个普查时间节点种质资源分布状况、消长变化及主要影响因素

（一）种植面积变化及原因分析

通过对 162 个县（市、区）1956 年、1981 年和 2014 年普查表中作物种植面积进行汇总分析（表 2-1），发现有以下五方面的变化：一是主要粮食作物种植面积呈现减少的发展态势。1956 年与 1981 年相比，主要粮食作物的种植面积变化不大；2014 年与 1981 年相比大幅减少，减少幅度达到了 27.63%。二是主要经济作物种植面积呈现稳步增长态势。由 1956 年的 968.84 万亩（1 亩 ≈ 666.7m²，后文同）增加到 1981 年的 1424.80 万亩，之后增长到 2014 年的 2183.18 万亩。三是主要果树作物种植面积呈现连续激增的发展态势。1981 年较 1956 年相比大幅增长，增长幅度达 207.12%，2014 年较 1981 年的增长幅度更是达到了 304.03%。四是主要蔬菜作物种植面积呈现"三连增"的发展态势。1981 年较 1956 年蔬菜种植面积增长 88.17%，2014 年蔬菜种植面积达到了 840.26 万亩，较 1981 年增加了 117.66%。五是主要牧草绿肥作物种植面积呈现波动发展态势。1981 年较 1956 年牧草绿肥作物种植面积增长 433.14%，而 2014 年牧草绿肥作物种植面积却缩减为 24.89 万亩，较 1981 年减少了 32.14%。主要粮食作物、主要经济作物、主要果树作物、主要蔬菜作物、主要牧草绿肥作物种植面积呈现上述变化，与 1978 年后国家实行家庭联产承包责任制、赋予农民对土地的经营权利等改革举措密切相关，生产经济效益好且市场需求高的经济作物、果树作物、蔬菜作物等高效作物种植面积明显增加。

表 2-1　主要作物种植面积变化情况　　　　　　　　　　（单位：万亩）

年份	粮食作物种植面积	经济作物种植面积	果树作物种植面积	蔬菜作物种植面积	牧草绿肥作物种植面积
1956	9264.35	968.84	77.84	205.15	6.88

续表

年份	粮食作物种植面积	经济作物种植面积	果树作物种植面积	蔬菜作物种植面积	牧草绿肥作物种植面积
1981	9525.57	1424.80	239.06	386.04	36.68
2014	6893.43	2183.18	965.87	840.26	24.89

（二）种质资源类型变化及原因分析

通过对 162 个县（市、区）1956 年、1981 年和 2014 年普查表中的农作物种质资源类型进行汇总分析（表 2-2，表 2-3），发现无论从作物类别看还是从每一作物类别中的单一品种看，都呈现出种植的地方品种资源数量急剧减少、育成品种资源数量快速增加的趋势。

表 2-2　种质资源类型变化情况

年份	粮食作物			
	地方品种		育成品种	
	份数	占比/%	份数	占比/%
1956	4 429	83.80	856	16.20
1981	3 146	46.67	3 595	53.33
2014	1 697	12.17	12 243	87.83

年份	经济作物				果树作物			
	地方品种		育成品种		地方品种		育成品种	
	份数	占比/%	份数	占比/%	份数	占比/%	份数	占比/%
1956	1 162	80.53	281	19.47	633	86.71	97	13.29
1981	961	48.12	1 036	51.88	1 040	65.37	551	34.63
2014	585	19.85	2 362	80.15	820	30.27	1 889	69.73

年份	蔬菜作物				牧草绿肥作物			
	地方品种		育成品种		地方品种		育成品种	
	份数	占比/%	份数	占比/%	份数	占比/%	份数	占比/%
1956	1 076	97.11	32	2.89	13	100.00	0	0.00
1981	1 432	77.49	416	22.51	21	58.33	15	41.67
2014	1 359	26.53	3 763	73.47	4	13.79	25	86.21

表 2-3　单一作物地方品种占比（%）变化情况

作物类型	年份	水稻	玉米	小麦	薯类作物	大豆
粮食作物	1956	77.94	98.81	71.05	84.25	97.54
	1981	33.83	36.87	34.64	44.58	87.93
	2014	3.88	4.59	11.55	25.16	55.10

作物类型	年份	油菜	花生	茶	棉花	烟草
经济作物	1956	77.75	85.56	97.73	55.70	97.06
	1981	38.43	54.69	66.89	17.48	79.29
	2014	8.17	26.17	32.10	20.69	54.74

续表

作物类型	年份	桃	橘	梨	苹果	葡萄
果树作物	1956	94.38	82.73	89.94	67.61	50.00
	1981	57.48	53.10	80.46	40.98	25.00
	2014	20.33	25.44	41.21	25.50	9.22

作物类型	年份	白菜	番茄	黄瓜	萝卜	茄子
蔬菜作物	1956	91.92	88.89	100.00	98.61	98.21
	1981	67.90	24.14	60.67	83.10	71.60
	2014	12.09	6.45	19.18	34.06	19.18

从主要粮食作物来看，1956 年、1981 年、2014 年四川种植的粮食作物地方品种分别为 4429 份、3146 份、1697 份，占比分别为 83.80%、46.67%、12.17%，呈梯度骤减态势。种植的育成品种分别为 856 份、3595 份、12 243 份，占比分别为 16.20%、53.33%、87.83%，呈梯度骤增态势。水稻、玉米、小麦、薯类作物等单一粮食作物种植的地方品种占比呈急剧减少的趋势。个别作物如水稻、玉米，种植品种已基本为育成品种，但大豆地方品种依然占据绝对优势地位。

从主要经济作物来看，1956 年、1981 年、2014 年四川种植的经济作物地方品种分别为 1162 份、961 份、585 份，占比分别为 80.53%、48.12%、19.85%。种植的育成品种分别为 281 份、1036 份、2362 份，占比分别为 19.47%、51.88%、80.15%；油菜、花生、茶、棉花、烟草等单一经济作物种植的地方品种占比也呈下降态势，但四川经济作物地方品种依然占据绝对优势地位。

从主要果树作物来看，1956 年、1981 年、2014 年四川种植的果树作物地方品种分别为 633 份、1040 份、820 份，占比分别为 86.71%、65.37%、30.27%。种植的育成品种分别为 97 份、551 份、1889 份，占比分别为 13.29%、34.63%、69.73%；桃、橘、梨、苹果、葡萄等单一果树作物种植的地方品种占比也呈下降态势，但梨地方品种占比依然近一半。

从主要蔬菜作物来看，1956 年、1981 年、2014 年四川种植的蔬菜作物地方品种分别为 1076 份、1432 份、1359 份，占比分别为 97.11%、77.49%、26.53%。种植的育成品种分别为 32 份、416 份、3763 份，占比分别为 2.89%、22.51%、73.47%；白菜、番茄、黄瓜、萝卜、茄子等单一蔬菜作物种植的地方品种占比也呈下降态势。

从牧草绿肥作物来看，1956 年、1981 年、2014 年四川种植的牧草绿肥作物地方品种分别为 13 份、21 份、4 份，占比分别为 100%、58.33%、13.79%。种植的育成品种分别为 0 份、15 份、25 份，占比分别为 0、41.67%、86.21%；地方品种占比呈下降态势。

经分析发现，种质资源类型呈现出地方品种资源急剧减少、育成品种资源快速增加的原因，主要是随着自然环境、种植结构和土地经营方式等方面的变化，高产高效多抗新品种大面积推广应用，品种更新换代速度加快，导致针对大宗农作物留存的地方品种数量较少。例如，水稻、玉米、小麦、油菜、葡萄、白菜、番茄、黄瓜、茄子等作物地方品种比例急剧下降，已经被产量高、产值更高的育成品种所替代。少部分非杂交种粮食作物等由于可自留种，品种更新换代慢。而少部分经济作物由于需求量小、品种更新换代相对慢，其地方品种的留存相对较多。目前农户手上留存的地方品种基本是本区域的特色种质资源，品种分布范围相对狭窄。例如，大豆、薯类作物、杂粮杂豆、烟草、萝卜等一些品质优良的地方品种仍然占有一定比例。茶和梨由于新品种培育周期较长，品种更新相对较慢，地方品种仍有一定的种植面积。

二、本次征集收集种质资源新颖性分析

前两次普查国家作物种质库（圃）保存四川种质资源 14 650 份，涉及 28 种作物。本次资源普查与收集行动共征集收集农作物种质资源 9880 份，涉及 160 种作物，新增了 132 种作物。通过与已收集入国家作物种质库（圃）的 14 650 份种质资源查重比较分析，本次征集收集农作物种质资源中有 9623 份是以前未收集到的资源，新颖性资源占 97.40%。新征集收集的种质资源种植年限 10 年以下的有 225 份（占比 2.28%），种植年限 10~30 年的有 2285 份（占比 23.13%），种植年限 30~50 年的有 3282 份（占比 33.22%），种植年限 50~100 年的有 3295 份（占比 33.35%），种植年限 100 年以上的有 793 份（占比 8.03%）（表 2-4）。

表 2-4　征集收集种质资源的种植年限

指标		报送资源实物份数	种植年限				
			≥100 年种质资源	50~100 年种质资源	30~50 年种质资源	10~30 年种质资源	<10 年种质资源
征集	份数	4516	576	2162	1609	163	6
	占比/%	100.00	12.75	47.87	35.63	3.61	0.13
收集	份数	5364	217	1133	1673	2122	219
	占比/%	100.00	4.05	21.12	31.19	39.56	4.08
合计	份数	9880	793	3295	3282	2285	225
	占比/%	100.00	8.03	33.35	33.22	23.13	2.28

通过对各类农作物科、属、种情况进行比较分析发现（表 2-5），本次收集农作物种质资源较前两次普查种类更加丰富，粮食作物、经济作物、牧草绿肥作物所涉及的科、属、种均不同程度有所增加，蔬菜作物、果树作物属于新收集类别，其中，粮食作物涉及 7 科25 属 31 种，比前两次普查增加 4 科 10 属 12 种；经济作物涉及 14 科 20 属 20 种，比前两次普查增加 8 科 13 属 13 种；牧草绿肥作物涉及 4 科 21 属 24 种，比前两次普查增加 3 科19 属 22 种；新增果树作物涉及 12 科 21 属 23 种；新增蔬菜作物涉及 22 科 45 属 62 种。进一步丰富了国家作物种质库（圃）种质资源的多样性。

表 2-5　各类农作物科、属、种情况比较

指标	粮食作物		经济作物		果树作物		蔬菜作物		牧草绿肥作物	
	前两次普查	第三次普查	前两次普查	第三次普查	前两次普查	第三次普查	前两次普查	第三次普查	前两次普查	第三次普查
科数	3	7	6	14	0	12	0	22	1	4
属数	15	25	7	20	0	21	0	45	2	21
种数	19	31	7	20	0	23	0	62	2	24

通过前两次普查与第三次普查对比分析发现（表 2-6），征集收集资源作物种类比例有所变化，粮食作物占比显著减少，蔬菜、果树作物占比大幅提高。在前两次普查收集资源中，粮食作物 13 301 份（占比 90.79%），经济作物 1345 份（占比 9.18%），牧草绿肥作物 4 份（占比 0.03%）。而在第三次普查收集资源中，粮食作物 5547 份（占比 56.14%），蔬菜作物 2967 份（占比 30.00%），经济作物 730 份（占比 7.39%），果树作物 583 份（占比 5.90%），牧草绿肥作物 53 份（占比 0.54%）。

表 2-6　各类农作物种质资源份数比较

指标	粮食作物		经济作物		果树作物		蔬菜作物		牧草绿肥作物	
	前两次普查	第三次普查	前两次普查	第三次普查	前两次普查	第三次普查	前两次普查	第三次普查	前两次普查	第三次普查
资源份数	13 301	5 547	1 345	730	0	583	0	2 967	4	53
资源占比/%	90.79	56.14	9.18	7.39	0	5.90	0	30.00	0.03	0.54

三、本次征集收集种质资源与民族文化、农耕文明、地理环境关系分析

本次普查与收集行动通过查阅地方县志、统计年鉴、老旧档案，走访老农技员、老村干部等，采用访问和座谈的方式，深入挖掘种质资源故事，发现一批农业文化底蕴浓厚、民族传统文化突出、地域环境特征明显的优异种质资源。

在攀枝花市米易县傈僳族聚集地收集到的梯田红米，是傈僳族先民在高山梯田长期种植的古老地方品种。红米在种植过程中遵循自然耕种之道，经 245 天的漫长生长，亩产不足 400kg。较长的生长周期，决定了梯田红米比一般的米更有韧性、更香、更有嚼劲。据记载，从唐代开始至清末，当地土司就用新山所产大米进贡皇帝。历代如此，其所产之米均为贡米，年年进贡，岁岁来朝。

在甘孜州巴塘县收集到的甲着小麦，据说是 100 多年前清朝官员入藏为官带入当地的地方品种，也有文成公主进藏带来甲着小麦种子造福当地百姓的故事在当地广为流传。甲着小麦由于口感好、营养价值高而被长期种植。"甲"的藏文意思为"一百"，"着"在藏文中意为"小麦"，该品种因其每穗有 100 粒种子而得名。甲着小麦种植历史悠久，是藏家面食制品的主要原料。由甲着小麦制成的烙饼、突巴（面疙瘩）、老锅馍馍等当地传统食品，口感非常好，其中老锅馍馍还有淡淡的奶香。

在攀枝花市米易县调查到的奶桑树，是目前国内发现的冠幅最大、胸径最大、高度最高的奶桑树，被当地村民称为"神桑"。经树龄测定，这棵树也是目前发现的最古老的一棵奶桑树，推测至今有 648 年。这棵奶桑树是当之无愧的"奶桑王"！

第二节　普查与调查覆盖程度

一、覆盖程度情况

四川共 21 个市（州）183 个县（市、区），本次普查行动覆盖了全省东部、南部、西

部、北部、中部 5 个区域除 21 个行政区外的 162 个农业县（市、区），涉及 21 个市（州），共征集收集种质资源 9880 份，实地征集收集涉及平原、山地、丘陵、森林、湿地等各种地质地貌。

二、"应收尽收"情况

本次农作物种质资源普查与收集行动主要收集五大类作物，覆盖了省内农作物种质资源的所有作物类型，做到了普查详尽、覆盖全面、应收尽收（表 2-7）。

表 2-7　四川"第三次全国农作物种质资源普查与收集行动"征集收集的作物类别和种类

作物类别	种类	征集收集种质资源
粮食作物	14	豆类：蚕豆、豇豆、豌豆、大豆及小豆等
	7	麦类：大麦、小麦、荞麦、燕麦及藜麦等
	5	谷类：稗、水稻、谷子、玉米、高粱
	4	其他：马铃薯、甘薯、薏苡、籽粒苋
蔬菜作物	22	叶菜类：白菜、叶用芥菜、韭菜、菠菜及叶用莴苣等
	19	根茎类：葱姜蒜、萝卜、山药、芋等
	16	茄果类：茄子、辣椒、瓜类等
	5	其他：黄花菜、花椰菜、菜薹、茴香、葛缕子
经济作物	5	纤维：蓖麻、大麻、亚麻、苧麻、桑
	5	油料类：花生、瓜子、芝麻、苏子、油菜
	1	糖料类：甜菜
	9	其他：烟草、酸浆、茶及蒲公英等
果树作物	8	浆果类：猕猴桃、枇杷、葡萄、柿、刺梨、芭蕉及树莓
	9	核果类：桃、樱桃、李、杏、梅、枣、龙眼、荔枝、胡颓子
	3	仁果类：苹果、海棠、梨
	2	坚果类：核桃、板栗
	1	柑果类：柑、橙、柚、柠檬等柑橘类
牧草绿肥作物	21	牧草：披碱草、黑麦草、菌草、茅类等
	3	绿肥：草木樨、驴食草、紫云英

三、本地区优势作物种质资源情况

本次普查征集收集到我省水稻作物优异种质资源梯田红米、高秆香谷、天全香稻、盐边大白糯、紫米等；玉米作物优异种质资源小金黄玉米、五月花苞谷、草莓玉米等；麦类作物优异种质资源甲着小麦、红小麦；大豆作物优异种质资源红皮香豆、白毛豆、六月罢、水磨黄豆、木门黄豆、剑阁大豆等；特色豆类杂粮作物优异种质资源渠县地方蚕豆、甘孜麻豌豆、雪山大豆、丹巴黄金荚等；特色茶作物优异种质资源北川苔子茶、古蔺大树茶、平武贡茶等；特色经济作物优异种质资源泸县小金钩花生、奶桑等；特色果树作物优异种质资源带绿荔枝、达川乌梅、玉带李、小金花核桃子等；特色蔬菜作物优异种质资源得荣树椒、彭州大蒜、白湾海椒、成都满身红萝卜、松潘紫皮大蒜、四方山旱蒜、白茄子等。

四、抢救性保护情况

（一）濒危种质资源发现情况

1. 巴塘四倍体小麦甲着

2018 年，在四川省普查行动中，普查队从巴塘县征集到一份小麦地方品种资源。其田间鉴定结果引起了四川省农业科学院作物研究所麦类资源研究团队的关注。为了进一步观察甲着小麦的特性，团队把它移植到广汉市和郫都区进行性状调查，发现其为少有的全粉质的软质四倍体小麦地方品种，具有极其重要的利用价值。为了保护资源，团队及时联系巴塘县农牧农村和科技局，得知种植该品种的农民集体易地搬迁，种植户极少，已经濒临绝种。2020～2021 年，在四川省农业农村厅、四川省农业科学院的资金和技术支持下，巴塘县农牧农村和科技局在巴塘建立了 15 亩甲着小麦种质资源保护圃。

2. 合江真龙柚母树

调查队对合江真龙柚母树进行了详细考察（图 2-1），由于受流胶病侵染，合江真龙柚仅存的 1 棵母树存在损失的风险，加上技术条件及当地立地条件的限制，仍然需要加大真龙柚母树保护和产业开发的力度，当地政府应该充分重视保护地方优质资源和地方品牌。

图 2-1　合江真龙柚母树情况

3. 米易奶桑母树

米易县当地有一棵参天大树——米易奶桑母树，被大家称为神树，有"中国第一奶桑王"之称。据相关专家鉴定（图 2-2），此树的树龄为 648 年，是目前冠幅最大、胸径最大、高度最高、最古老的桑树种质资源，具有重要的农业科研价值，可以用于快速繁殖，实现农民增产增收，还可以用于旅游观光开发。

图 2-2　米易奶桑母树及果实情况

（二）抢救性保护措施

对于本次行动中发现的珍稀濒危种质资源，我省根据资源特性，分类进行抢救性保护。种子类种质资源通过繁殖更新，统一编目入国家作物种质库和省级种质资源中心库保存。果树、茶树、桑树等多年生作物资源，通过采集枝条、嫁接扦插保存到相应作物国家和省级种质资源圃。其他需要原位保护的种质资源，通过省级支持、属地管理的形式，建设种质资源圃进行原位保护。

1. 建立健全省级资源保护体系

2021 年，四川省农业农村厅联合四川省发展和改革委员会、四川省科学技术厅、四川省财政厅等 6 家单位，印发《四川省农业种质资源保护与利用中长期规划（2021—2035）》，要求按照"一库多圃"的思路，重点建设四川省种质资源中心库，科学规划、布局建设一批种质资源圃，形成以省级种质资源中心库为核心，种质资源圃为支持，异地保存和原位保护相结合的农作物种质资源保护体系，实现应保尽保。目前在此次行动中发现的优异珍稀资源已在巴塘县、合江县、达川区等原采集地建成种质资源圃，确保优异珍稀资源不丧失。

2. 构建资源保护新格局

我省在立足农作物种质资源全面有效保护的基础上，全面提高资源利用水平，政府支持鼓励企业、科研机构及社会组织承担种质资源保护任务，构建以政府为主导，多方积极参与的种质资源保护新格局。推进种质资源在保护中利用、在利用中保护。例如，我省支持珙县建设地方糯稻种质资源圃，组织专家开展糯稻资源提纯复壮，鼓励当地企业参与资源圃建设和种植推广，由企业带动当地农户参与种植，实现农户就地增收，同时提高企业参与种质资源保护的积极性，确保资源保护的可持续性。

五、征集收集种质资源的可利用性

（一）优异资源保护开发，助力地方产业发展

我省新发现的部分具有优异农艺性状的种质资源已在原产地被直接开发利用，形成了当地特色农产品，助力当地特色产业振兴。

1. 梯田红米产业带

在米易县海拔 1350～2400m、约 11.81 万亩的原生态环境下，光照时间长，昼夜温差大，有利于谷物的灌浆成熟。在米易县傈僳族的祖居地，有一种种植历史长达上百年的老品种水稻——梯田红米，其米色红润鲜亮，米粒细小，营养极为丰富。该品种栽种于傈僳族祖居地的美丽梯田中，周边风景秀丽，可直接进行产业化及农旅融合的开发利用。自普查收集行动开展以来，省级财政持续三年支持在当地建设梯田红米种质资源创新开发利用示范基地，布局建设梯田红米种质资源圃及籼稻红米品种种植基地，种植面积约为 300 亩，以旅游观光结合优质特色红米的宣传、康养生活、农旅生活相融合进行产业化转型升级。

2. 得荣树椒产业

得荣树椒寿命可达几十年，其枝干木质化，形成小树，故俗称"树子辣椒"，具有树形大、辣味独特、多年生等显著特点，果小肉薄，羊角形，青熟果绿色，老熟果黄色或橘黄色，辣味浓，富含多种营养物质，曾入藏药，保健和医药价值很高。据记载，得荣树椒于20 世纪 50 年代随着藏传佛教的传入从印度引进，可露地越冬，经冬不死，每年春季又可再生，是"人无我有"的地方特色产品。2006 年获批实施国家地理标志产品保护，2020 年获批实施国家农产品地理标志登记保护，入选全国十大优异农作物种质资源目录，成为中国国家地理标志产品。

很长一段时间当地农户仅零星种植，在县城周边自产自销，价格常年每千克 3～4 元。第三次全国农作物种质资源普查与征集工作全面启动后，各级部门高度重视，2021 年，省级财政支持建设树椒种质资源创新开发利用示范基地，当地政府整合各项资金，有效保护树椒资源，通过以下有效措施推进树椒产业规模化发展。

（1）种植规模大幅扩大

一是在周边乡（镇）打造树椒产业示范带 1200 亩，覆盖 1200 余户，实现产量 900t，实现产值 540 万元，带动种植户增收 4500 元以上。二是为保留传统的老龄树椒，在原产地建成保种示范基地 1 亩，种植有 3～4 年树龄、4～6 年树龄和 10～12 年树龄三个树龄段的树椒原始品种，防止品种退化和流失。

（2）产品类型不断丰富

2020 年，在得荣县相关机构的协助下，在得荣树椒的种植、收购、初加工、销售和新产品研发等各个方面推进树椒产业化进程，联合多家地方知名企业，开发了"得荣树椒香肠""得荣树椒风干牛肉""得荣树椒冷吃兔"等特色产品 20 余种并上市销售，不断扩大"得荣树椒"品牌影响力。注册商标"木灵珠"，通过联合知名企业品牌来共同打造"得荣树椒"品牌，积极探索与研究农产品深加工工艺，实现企业增效、农民增收的产业化发展目标。

（3）销售渠道有效拓展

一是通过"农户+公司+基地"的发展经营模式，实行订单农业，收购公司按照 5.6 元/kg标准收购鲜树椒，政府出台相关奖补政策，给予种植户 0.4 元/kg 的补助，充分调动了老百姓种植树椒的积极性。二是大力发展线上营销，在电商平台开设店铺，定期邀请人气网络主播在线直播带货，促进树椒产品销售；联手多家地方知名企业，推出新春"郎酒香肠"联名大礼包，在多家电商平台及线下实体进行销售，进一步提升"得荣树椒"知名度和美誉度。三是依托浙江桐庐县东西部协作和成都市青羊区省内对口援建等平台，签订销售协议，让树椒产品进入大型商超和生鲜流通市场进行销售。目前全县拥有 4 家树椒产品加工企业，建成 1 家树椒加工厂，加工能力达 2000t 以上。

3. 北川苔子茶产业

自 2018 年北川羌族自治县开展"第三次全国农作物种质资源普查与收集行动"以来，该县高度重视种质资源保护利用工作，多措并举，全力推动本县独特的茶类种质资源——北川苔子茶保护利用工作高质量发展，从而增强北川苔子茶产业发展的核心竞争力。

为了加大北川苔子茶种质资源的保护和利用，2020 年北川羌族自治县出台了《北川羌族自治县北川苔子茶古茶树保护条例》，进一步增强对苔子茶古茶树种质资源的保护意识，鼓励支持古茶树资源所有者、经营者、管理者、茶叶企业等对古茶树资源的合理保护和开发利用，并对开发利用中的不良行为加以约束。2021 年 5 月出台了《北川羌族自治县茶产业高质量发展的意见（试行）》，将茶叶种质资源保护、苔子茶古茶树保护、苔子茶良种繁育体系建设纳入扶持范围。自 2019 年起，依托四川省农业科学院、四川农业大学等科研院校的专业技术力量，持续加强新品种北川苔子茶 1 号及北川苔子茶 2 号等的繁育和申报认证，进一步做强茶叶种业"芯片"。自 2021 年起，通过新禹林果发展有限公司建设苔子茶繁育苗圃和北川苔子茶良种母本园，不断扩大苔子茶种植面积。通过项目的实施，选育出北川苔子茶扩繁母株 100 株以上，年快速育苗能力提升 500 万株以上，从而对北川苔子茶古茶树资源进行保护、管理和开发利用。截至 2024 年 4 月，通过苔子茶繁育苗圃建设，北川羌族自治县苔子茶的种植面积已从 2018 年的 8 万亩左右增加到了 9 万余亩，以"龙头企业+合作社+大户+农户+基地"的模式带动茶农增收，共带动 5000 余户农户每户年增收 1500 元。

（二）地理标志性产品开发，提升产品市场竞争力

本次行动通过一些措施提升了本地区地理标志性品种或产品的经济价值或推广面积，对优异地方品种资源进行开发利用。

1. 彭州大蒜地方品种特色产业

彭州有"中国大蒜之乡"的美称，自西汉时期，已有 2000 多年的大蒜栽培历史，先后演化出彭县蒜、二水早、青秆软叶大蒜、正月早、二季早、彭州迟蒜、软叶蒜等一系列优异地方品种资源。依托优异种质资源和适宜的地理气候环境，彭州蒜薹色鲜嫩脆、香甜可口、蒜味浓醇、粗细适度，蒜头个大、饱满、味浓、质优，便于贮运，在全国享有盛誉，深受消费者喜爱，独蒜甚至远销东南亚诸国。彭州大蒜于 2008 年成为"国家农产品地理标志产品"。目前彭州大蒜实施无公害规范化种植，蒜头、蒜薹平均单产均达到 500kg，亩产值 3000～4000 元，全市蒜头总产量达 9.0 万 t、蒜薹 7.0 万 t，总产值 5 亿元以上。2018 年彭州大蒜种植面积近 20 万亩，主栽品种二季早 13 万亩、彭州迟蒜 3 万亩、正月早 1.5 万亩、软叶蒜 1.5 万亩，均为彭州的地方品种，大蒜产业的规模化、产业化发展，带动了蒜农增收致富，助推乡村振兴。

2. 米易县紫山药产业

米易县紫山药能舒筋活血，止咳化痰，祛风止痛。其为野生山药资源，是被当地老百姓驯化多年而选育出的本地品种，不仅品质好，而且产量高、抗病性强。在相关部门的支持下，当地建设成具有一定规模的紫山药种质资源及产业基地。随着天然紫色花青素和膳食粗纤维对人体健康的促进作用被越来越多的人所熟知和重视后，米易紫山药也开始走出深山，面向城市，并逐步成为米易县二半山地区农民致富的"金疙瘩"。2011 年 5 月米易山药获得农业部"无公害农产品认定证书"，2013 年 12 月米易山药又获全国农产品地理标志认证。通过此次普查收集行动，各级部门更加重视米易县紫山药的产业发展，目前种植面积 1000 亩左右，亩产 4000kg 左右，亩产值 9000 元左右。

第三节　重要举措

一、加强普查人才队伍建设

为确保国家重大项目顺利实施，四川省农业农村厅与四川省农业科学院通力协作，与地方农业部门积极对接，确保普查与收集工作高效运作。

四川省农业农村厅相关部门责任到人、分片包干，市级农业农村管理部门积极行动，把育强基础骨干队伍作为推进本次行动的关键性工作来抓，多措并举，不断提升本辖区县（市、区）基层技术力量。依托四川农业大学、成都市农林科学院等在蓉科研院所的专业技术力量，组建了多支由多名作物学、遗传育种学等学科专家和硕士研究生组成的普查专家队伍，指导和帮带种质资源普查与征集技术力量薄弱的县（市、区）开展农作物种质资源普查与收集的各项工作，保证本辖区内普查县（市、区）保质保量按时完成目标任务。

四川省农业科学院相关专家采用"五多"（多查、多看、多听、多问、多渠道）与"组、队结合"调查法积极参与项目工作。截至目前，四川省农业科学院共计 156 名专家多次参加系统调查与收集行动，为农作物种质资源保护与利用的科技人才培养奠定了基础。通过"五多"与"组、队结合"调查法，四川省农业科学院收集、挖掘了一批特色优异资源，如彭州大蒜、带绿荔枝、甲着小麦、奶桑、红皮香豆等入选全国十大优异农作物种质资源和四川省五大新发现的优异农作物种质资源。

二、创新工作模式

四川省农业科学院调查队在国家普查办、中央电视台、四川省农业农村厅相关专家的跟踪指导和协助下，创新了"历练队伍，以老带新"的工作模式，即首支出征调查队从各队抽调 1 或 2 名队员参加，通过首次实地系统调查和抢救性收集工作，积累实战经验，待相应队伍出征时已具备指导本队伍开展实际调查和收集工作的能力，极大地提高了工作效率，强化了特色资源收集力度。

各普查县（市、区）通过将任务分解落实到乡（镇），要求每个乡（镇）向普查组提供 1~5 个农作物种质资源信息；选出乡（镇）种质资源联络员，通过"以点带线，以线带面"的方式，带动当地群众提供普查与征集线索；通过电视台、报纸、新媒体等形式发布征集公告，进行有偿（奖）征集等方式，广泛征集资源线索，提高工作效率。

三、特色资源助推原产地特色产业

资源收集保护的目的，一方面是为子孙后代留下宝贵财富；另一方面是为开发利用和产业发展提供支撑。地方品种不仅是当地历史文化的载体，也是地方产业发展的重要依托。例如，历经 5 年时间，在资源普查工作的推动下，原本濒临灭种的甲着小麦通过产业化开发利用，正在走出大山。其中两家公司出资共同建设"巴塘甲着小麦全产业链开发项目"；优异资源奶桑通过联合西昌市蚕种场返回原产地开发与试验示范，已在西昌市建立奶桑标准化种植核心示范基地 20 余亩。

四、增强全民种质资源保护意识

四川开展"第三次全国农作物种质资源普查与收集行动"以来，种质资源保护意识已逐渐深入人心，有力地提升了群众保护种质资源的责任感和使命感。

2022 年 10 月 28 日，当 73 岁的刘志成大爷看到《四川农村日报》上刊载的《又一批四川珍稀农作物种质资源被发掘》一文，想为国家尽一点绵薄之力，花费整整一周时间，提笔写下包含了 9 条资源线索的足足 8 页的手信，寄到了四川省农业科学院。收到来信后，四川省农业科学院、四川省种子站立即组织调查队前往绵阳游仙区，在绵阳市农业农村局、当地农业部门、刘大爷等人的帮助下，共采集到 4 份珍贵种质资源。

本次行动征集的资源中，还有一份资源未在 162 个普查县（市、区）征集任务中。它是来自乐山市市中区的一份野生大豆资源。这份资源的获得来自乐山市一对夫妇——龙正常夫妇一次河边散步的意外发现。他们积极连线乐山市农业农村局进行反馈，随后乐山市农业农村局会同乐山市农业科学院相关专家前往现场鉴定，确认其为外地逸生的野生大豆，并汇报给四川省种子站，完成该份资源移交。一时间，《乐山惊现国家二级保护植物——野生大豆》《乐山市民意外发现的植物，已成种业芯片》等宣传新闻在乐山日报、乐山新闻网、乐山广播电视台、四川新闻网、人民日报客户端等多家媒体相继报道播出。通过广泛宣传，当地广大热心群众也积极投身到种质资源保护中，为种质资源常态化保护奠定了群众基础。

在丹棱县，有一块毫不起眼、围着栅栏的园子，如果没有领路人指引，一般人很难想到这就是丹棱县的珍稀特色种质资源圃。在第三次全国农作物种质资源普查中，丹棱县对种质资源给予了极大重视。在丹棱县普查团队核心队员刘敬宗的带领下，整个团队成员种质资源保护意识极强，且有高度的责任感和使命感。在完成 2018 年全县资源普查工作任务后，还将特异种质进行移栽，并建立了地方资源保护圃，意外抢救性收集到六十早大豆、甜茶等特色资源，为推动现代种业高质量发展、打好种业翻身仗奠定了种质基础。

第三章

四川水稻种质资源多样性及其利用

第一节　水稻种质资源基本情况

水稻（*Oryza sativa*）是人类主要的粮食作物之一，种植历史悠久。我国是亚洲栽培稻起源地和分化中心之一。佐证最早的驯化和种植水稻在浙江余姚河姆渡和桐乡罗家角，距今 7000 余年历史（林世成和闵绍楷，1991）。《史记·夏本纪》记载"左准绳，右规矩，载四时，以开九州，通九道，陂九泽，度九山。令益予众庶稻，可种卑湿"，说明我国大规模种植水稻为公元前 2033～前 1562 年的夏朝，四川种植水稻的可考历史为 3300 年前的殷商时代，位于安宁河谷平原的西昌地区发现经过长期培育过程的水稻谷粒碳化标本（四川省农业科学院，1991）。四川作为中国的重要农业省份之一，拥有丰富的水稻种质资源。这些资源不仅在保障粮食安全方面发挥着重要作用，同时也是遗传育种、生物技术等领域研究的重要物质基础。四川位于中国西南地区，地形复杂，气候多样，这使得四川的水稻种质资源分布广泛。从川西高原到川东丘陵，从山区到平原，四川的各个地区都分布着不同类型的水稻种质资源。

四川水稻生产划分为盆南丘陵长暖季伏旱双季稻作区（跨长江上游及岷江、沱江、嘉陵江下游地区，包括泸州、自贡两市全部，宜宾地区北部，南充地区南部），盆东平行岭谷高温伏旱单双季稻作区（介于华蓥山与方斗山之间，包括南充、达州两市），盆中丘陵多旱夏热一季中稻区（介于龙泉山与华蓥山之间，包括内江、遂宁两市全部，绵阳市、南充市、达州市南部，乐山市的东部和成都市的金堂，德阳市的中江），盆西平原春夏旱微热一季中稻区［介于邛崃山、茶坪山与龙泉山之间，包括成都（金堂除外）、德阳（中江除外）两市全部，乐山市北部，绵阳市西部和雅安地区的名山］，盆周山地冷凉早中熟一季稻作区（位于盆地四周，包括达州市，绵阳市北部，宜宾地区南部，乐山市西南部，雅安地区东部），川西南中山宽谷亚热带偏干单双季稻作区［包括攀枝花市和凉山州（木里藏族自治县除外）的全部，雅安地区的石棉、汉源及甘孜州的泸定等］6 个稻区（闵绍楷等，1988）。四川水稻种质资源记录最早为 370 年左右出现的谷粒长大和米半寸的水稻品种青芋稻、累子稻、白汉稻。766 年杜甫记载四川有香稻、香粳、黑米、红鲜、玉粒等优良品种。1949 年以前，峨眉稻谷品种丰富，出现青秆稻、紫秆稻、广安粘、盖草粘、柳条粘、黄泥粘、泡头粘、老鸦谷、毛香谷、百莲谷、荷包谷、鱼眉谷、冷水谷、还了债、弯刀谷、红糯、白糯、救公饥、老来红、尖刀糯、芝麻糯、猪脂糯、虎皮糯、鸭子糯，其他地方良种永川沙刁早、成都富绵黄（合川油粘）、川农都江玉（郫县大叶子）、成都水白条、开江巴州齐

（谷）、宜宾竹桠谷、川农嘉陵雄（隆昌红边粘）、合川托托黄、巴县马边齐（粘）、筠连粘等在当地推广应用，其后通过改良的品种川农 422、川农 303、川农 1051、川农 282、绵阳 156、泸场 142-3 和引进的品种南特号、胜利籼、浙场 3 号、浙场 9 号都得到大面积推广，对当时的水稻生产起到了促进作用。1950 年以后，生产上推广的地方品种逐渐被改良品种所替代，主要推广品种为泸场 3 号、西南 175、川大粳稻等。1961～1975 年，高秆改矮秆，推广泸双 1011、矮沱谷 151、2134、成都矮 4 号、成都矮 8 号、八四矮 63、一四矮 2127、虹双 2275、80-133、泸成 17、泸岳 2 号、泸科 1 号、泸科 3 号、内中 152、蜀丰 108、蜀丰 109、万中 80 等中稻品种，泸开早、泸洋早、万早等早稻品种，泸晚 4 号、泸晚 8 号、泸晚 17、泸晚 23、6640、66-19、跃进 3 号、跃进 4 号等晚粳品种（任光俊，2018）。1976 年以后，四川开始推广水稻杂交种。关于四川水稻种质资源收集情况，20 世纪 30 年代四川省农业改进所（现为四川省农业科学院）对 38 个水稻生产县的水稻资源进行调查鉴定，登记地方品种 4238 份。1949～2014 年，四川进行了 4 次大规模的稻种资源考察和收集，1958 年在四川 108 个县（市、区）征集地方稻种 2019 份，1976 年集中整理出 2876 份地方稻种资源编入四川种质资源目录，1981 年新征集地方稻种资源 379 份，2014 年征集水稻资源 264 份。第三次全国农作物种质资源普查共征集收集水稻种质资源 303 份，其中 294 份为地方品种，抢救性收集了坨坨糯、麻谷、香稻、新庙糯谷等一批濒临消失的稻类种质资源。

第二节　水稻种质资源的分布和类型

四川属于亚热带高原型湿热季风气候，地势高低悬殊，温度垂直差异显著，昼夜温差大，立体农业特点突出。水稻资源从 26°01′N 的攀枝花到 32°52′N 的青川、广元一带，97°26′E～110°12′E，海拔 100～2400m 均有分布；集中分布于盆地的平坝和丘陵 28°30′N～32°32′N，103°E～110°E，海拔 200～800m 的区域。稻作区年平均气温为 14～20℃，稻作生长季节 4～10 月热量最为丰富，常年积温为 4500～5100℃。四川属于少日照地区之一，但水稻生长季节日照数占总日照数的 70% 以上，故有利于水稻生长发育。

四川水稻种质根据起源演化差异可分为籼稻和粳稻，籼稻比粳稻分蘖力强，叶幅宽，叶色淡绿，叶面多毛，小穗多数短芒或无芒，易脱粒，颖果狭长扁圆，米质黏性较弱，膨性大，比较耐热和耐强光。籼稻、粳稻的分布主要受温度的制约，还受到种植季节、日照条件和病虫害的影响，籼稻主要分布于四川平坝和浅丘地区，粳稻则主要分布于海拔 1200m 以上气候冷凉的盆周边缘山区（应存山，1993）。水稻种质按需水量可分为水稻和陆稻，陆稻（upland rice）亦称旱稻，是适应较少水分环境（坡地、旱地）的一类稻作生态品种。陆稻的显著特点是耐干旱，表现为种子吸水力强，发芽快，幼苗对土壤中氯酸钾的耐毒力较强；根系发达，根粗而长；维管束和导管较粗，叶表皮较厚，气孔少，叶较光滑、有蜡质；根细胞的渗透压和茎叶组织的汁液浓度也较高。水稻种质按照胚乳是否具有糯性可分为粘稻和糯稻，糯稻和粘稻的主要区别在于饭粒黏性的强弱，相对而言，粘稻黏性弱，糯稻黏性强，粳粘稻的直链淀粉含量占淀粉总量的 8%～20%，籼粘稻为 10%～30%，而糯稻胚乳基本为支链淀粉，不含或仅含有极少量直链淀粉（≤2%）。糯稻常用于酿酒、制作汤圆等糕点，四川以粘稻为主食，而糯稻主要用于生产传统副食品，如达州市大竹县被誉为"中国糯米之乡"和"中国醪糟之都"，推动糯稻产业"规模化、标准化、品牌化"，年种植糯稻 20 万亩，年产糯稻 10 万 t。

按照水稻种植区划分，盆南丘陵稻作区热量条件最好，春早、夏长而酷热，水稻安全生长期在 180 天以上，生长季降水量为 1000mm 左右，湿期长，干燥度变化小，稻田土壤主要是灰棕紫泥和暗紫泥发育而成的水稻土，矿质养分丰富，有机质含量较多，土壤呈中性，冬水田面积大，约占稻田面积的 73%，深脚烂泥田约占稻田面积的 20%，主要种植再生稻，四川再生稻种植面积为 400 万亩（杨万江，2011）。盆东稻作区气候垂直变化比较大，稻田主要分布在海拔 500m 以下的丘坝、河谷区，年平均气温为 17～18.5℃，水稻生育期为 165～185 天，年降水量为 1000～1200mm，稻田土壤以棕紫泥、冷沙黄泥和灰棕冲积土为主，土壤肥力较高，但缺磷、缺锌，下湿田面积较大，分布以中熟品种为主。盆中稻作区年均气温为 17～18℃，年降水量为 800～1100mm，雨日和雨量为盆地内最少的区域，多伏旱，各类干旱总计频率最大，是盆地内最多旱的地区，土壤以蓬莱镇组地层砂质泥岩形成的棕紫泥、遂宁组地层厚泥岩形成的红棕紫泥发育而成的水稻土为主，也有插花成片分布的灰棕紫泥发育的水稻土，土质偏沙，肥力较低，有机质含量为 1.6% 左右，pH 为 7.5 左右，土壤钾素含量高，氮、磷属于中下水平，以晚熟中稻为主。盆西稻作区属于都江堰灌溉区，水旱轮作，经济发达，素有"天府之国"的称谓，主要地貌类型为平原和台状浅丘，海拔为 450～750m，相对高差一般在 50m 以内，年均气温为 16.4℃，年降水量为 1000～1400mm，稻田土壤以冲积平原的灰潮土为主，土层深厚，结构良好，肥力较高，水稻以中熟中稻为主，水稻后作以小麦、油菜为主。盆周稻作区山脉绵延，地势起伏较大，垂直分异明显，稻田种植制度和水稻品种类型差异较大。盆南边缘山地冬暖夏热，年均气温为 17～18℃，年降水量为 1100～1300mm，春旱和伏旱不显著，秋季阴雨绵绵，春夏之际都可能出现冰雹，主要分布中熟中稻。盆北边缘山地气候温凉多雨，年平均气温为 13.5～16.5℃，年降水量为 1000～1400mm，多集中在夏秋季，常造成春旱、夏秋暴雨和洪涝危害，分布早熟中稻。盆西边缘山地地处高原干冷气候与东南暖湿气候交汇地带，雨量特多，年降水量为 1200～1500mm，日照特少，年日照时数仅为 860～1000h，日照百分率多在 25% 以下，主要分布中早熟品种，也有少量粳稻品种。

第三节　水稻种质资源多样性变化

就四川水稻种质资源性状多样性而言，高秆资源占绝大多数，矮秆资源匮乏，平原和低坝区植株较高，半山丘陵区植株较低。亩有效穗数分布范围较大，平均亩穗数 12 万穗，穗数分布较分散，变异系数较高，品种穗数偏少，穗数少的品种较多分布在平坝，一般分蘖力较强，具有早生快发、繁茂性较好等遗传特点。四川地方稻种秆高、穗大粒多，平均每穗着粒 125 粒，最高可达 200～300 粒，糯稻品种粒数高于籼稻。穗粒数的分布范围也大，变异系数高，具有较大的选择潜力。四川地方稻种结实率较高，平均结实率 82.9%，变异系数达 13.6%，结实率反映品种对当地生态条件高度适应。千粒重平均 24.5g，大部分为 24～25g，分布比较集中，千粒重在 22.0g 以下的品种主要是由于部分在边缘山区灌浆结实，造成结实不良，成熟度差。粒长 5.4～12.7mm，平均 8.0mm，分布也比较集中，粒宽的变幅较大，为 1.9～4.2mm，粒宽 3.0～3.3mm 的品种占比 47.72%、小于 3.0mm 的占比 16.08%、大于 3.3mm 的占比 36.20%，粒型因长宽比不同而呈现多样性。颖壳色以秆黄色、斑点秆黄色居多，紫褐、紫黑、银灰褐、银灰秆黄等则分布在盆缘山区及西凉高原地区。柱头色一般与颖尖色一致，四川地方种颖尖紫色占70%左右，无色占20%左右，此外还分布有红色。

在四川地方稻种资源中，红米占6%左右，白米占93%以上，黑米占比不到1%，红米主要分布在盆地边缘及西凉高原地区。四川地方种大多无芒，短芒占10%左右，中芒占2%，长芒占1%，籼稻基本无芒，粳稻大多为长芒，芒多为红棕色或紫黑色，可能与山区低温、多雨等生态环境有关。四川地方种大都株型松散或半松散，叶长而宽，色浅弯垂，叶角较大，但仍有少数株型比较紧凑或叶色较深而挺直的品种。地方品种大多对病虫抗性差，但也有抗性好的资源，如古蔺大酒谷、彭水猪油糯、西昌71粳等高抗叶瘟和茎瘟，彭山铁杆占、叙永麻鸡谷等对褐飞虱表现免疫，平武麻壳水稻、铜梁火种对白背飞虱表现免疫。在耐冷性方面，冕宁麻早谷、盐源黑谷等耐低温发芽（12～13℃）、通江白望老二、九龙本地红谷等苗期耐低温（17～21℃），通江花白早、昭觉好姑红谷等花期耐低温结实（17～21℃），在四川地方稻种资源中，耐冷的材料比较丰富。

在稻米品质方面，四川地方种出糙率大多为77%～81%，精米率为69%～73%，表明四川地方稻种出糙率较高，精米产量潜力较大；四川地方稻种的外观品质比较好，但垩白率高；四川地方稻种直链淀粉含量较高，适口性好；四川地方种蛋白质及赖氨酸含量较高，最高含量分别达15%和0.5%以上。另外，泸县香稻、宜宾香稻、南江香稻（紫米）、德昌香稻、西昌香糯等具有不同程度的香味。四川地方稻种资源中存在着对野败不育系恢复程度不同的品种，育种家从中筛选出强恢复资源（应存山等，1991）。

通过对162个县（市、区）1956年、1981年和2014年普查表水稻资源类型信息进行分析，呈现出种植的地方品种资源数量急剧减少而育成品种资源数量快速增加的趋势，1956年地方品种资源收集到1187份，1981年收集到593份，2014年收集到183份；1956年育成品种收集到336份，1981年收集到1160份，2014年收集到4537份。水稻单一作物种植的地方品种资源占比呈现出急剧减少的趋势，1956年占比77.94%，1981年占比33.83%，2014年占比3.88%。

第四节　水稻优异种质资源发掘

1. 梯田红米（P510421024）

【作物及类型】水稻，地方品种。

【来源地】攀枝花市米易县。

【种植历史】100年以上。

【种植方式】梯田净作，种植海拔约2000m，3月育秧，4月移栽，10月底收获，生育期240天左右，产量不足400kg。耐瘠薄、抗病能力强、耐寒能力强、稳定性高。米色红润鲜亮，米粒细小。

【农户认知】口感好、米香味浓、颜色好看，养肠胃，特别适用作月子米。

【资源描述】傈僳族先民在高山梯田垦殖中由野生稻逐渐驯化而成，世代耕种延续至今（图3-1）。显著特点是不耐肥、抗病能力强、耐寒能力强、稳定性高。米色红润鲜亮，米粒细小，富含人体所需的 18 种氨基酸，在人体所不能合成的 8 种氨基酸中，梯田红米就含有 7 种。微量元素锌、铜、铁、硒、钙、锰等含量也比普通大米高 0.33 倍，经常食用能促进儿童生长发育、智力开发，具有补血益气、温肾健脑、延缓衰老、延年益寿的作用，是实实在在的原生态绿色食品。另外，梯田红米含有丰富的淀粉与植物蛋白，可补充消耗的体力及维持身体正常体温。它富含众多的营养素，其中以铁最为丰富，故有补血及预防贫血的功效；所含的泛酸、维生素 E 等物质，能有效抑制致癌物质的合成，预防结肠癌的效用非常明显。红米具有降血压、降血脂的作用，所含红曲霉素 K 起到阻止生成胆固醇的作用；红米与化学合成红色素相比，具有无毒、安全的优点，而且具有健脾、活血化瘀的功效，可直接进行产业化开发和农旅融合的开发利用。

图 3-1　米易县梯田红米穗子（A）及糙米（B）

2. 德昌香稻（P513424012）

【作物及类型】水稻，地方品种。

【来源地】凉山州德昌县。

【种植历史】100 年以上。

【种植方式】育苗移栽。

【农户认知】米质极佳，且香味浓郁，外观无腹白，呈半透明（图 3-2），手感细腻，米饭滋润可口，清香四溢。

图 3-2　德昌香稻糙米与谷粒（A）、田间表现（B）及穗子（C）

【资源描述】德昌香稻是特有的地方古老品种，属于籼型常规稻，适宜籼稻区种植，在海拔 1200～1600m 中下等肥力的水稻田种植，常规种植密度 1.2 万穴/亩，每穴 4～6 株。德昌香稻对土壤和水源的要求极高，生育期长，通常在惊蛰到春分间开始育秧，收获期比其他品种推迟 15～20 天，收获时间在 10 月上中旬。生育期 190～200 天，株高 120～130cm，穗长 22cm，穗粒数 140 粒，结实率 85%，千粒重 24.5～26.0g，分蘖力中等，不耐肥，茎秆纤细，剑叶反垂，成熟后易落粒。植株呈松散型，穗子为纺锤形，谷粒中等长条形，穗子紫红色，颖壳金黄色。栽培管理要求高，要做到适时早播，合理密植，控氮，增施磷肥、钾肥、有机肥，灌浆后要及时捆绑相邻几穴，防止后期风雨过大出现倒伏。抗细菌性条斑病，易感条纹叶枯病，一般亩产 300～350kg，最高可达 400kg。

德昌香稻距今已有 300 多年的栽培历史，是纯天然绿色食品，多作为地方进贡朝廷之米，故有贡米之称。德昌香米米质极佳，香味浓郁，米粒中长，整米率高，营养丰富，被誉为"米中味精"。1985 年经四川省农业科学院中心实验室化验测定，德昌香米含淀粉干重 85.53%、粗蛋白质 7.30%、脂肪 0.83%，所含 18 种氨基酸等指标均符合国家一级优质米标准。

3. 高秆香谷（P511825028）

【作物及类型】水稻，地方品种。

【来源地】雅安市天全县。

【种植历史】100 年以上。

【种植方式】净作种植或与杂交稻间作（比例为 5∶2）。

【农户认知】富含油脂，自带浓浓的香味，与其他稻米一同蒸煮，能提高米饭品质。

【资源描述】天全高秆香谷，原产于天全县仁义镇，由于烹熟后浓香扑鼻、适口性好，煮出来的大米有一层油脂，因此一直是历代"贡米"。与其他稻米一同蒸煮，能提高米饭品质，因此又称为"味精米"，可直接进行产业化开发和农旅融合的开发利用（图 3-3）。

图 3-3 高秆香谷谷粒（A）及田间表现（B）

4. 紫米（P510503015）

【作物及类型】水稻，地方品种。

【来源地】泸州市纳溪区。

【种植历史】30 年以上。

【种植方式】常规种植。

【农户认知】紫米，穗子大。

【资源描述】株高 140cm，穗长 33cm，特长大穗，紫米，生育期 129 天，叶色浓绿，分蘖较多，根系发达，每穴穗数 5.8 个，穗均长 34.3cm，穗均着粒 380 粒，结实率 76.5%，千粒重 22.2g，粒长 9.1mm，米皮深红色，长粒，长椭圆形，无芒，产量高（图 3-4）。

图 3-4　紫米分解图

5. 巨人稻（P510129040）

【作物及类型】水稻，地方品种。

【来源地】成都市大邑县。

【种植历史】50 年以上。

【种植方式】农田常规栽培。

【农户认知】植株高达 2.2m。

【资源描述】巨型稻，身形笔挺，生物产量高，穗长粒多（图 3-5），圆润饱满，分蘖数 30 个左右，植株高达 2.2m，稻秆的纤维素要比普通水稻高出 20%～30%，巨型的稻秆还被用来做青贮饲料，优质高产的巨型稻非常有利于开展高效的立体循环农业，成为休闲农业的一大亮点。

图 3-5　巨人稻稻穗（A）、植株（B）及田间情况（C）

第五节 水稻种质资源创新利用及产业化情况

我省新发现的部分具有优异农艺性状的种质资源已在原产地被直接开发利用，形成了当地特色农产品，助力当地特色产业振兴。新山村是米易县梯田红米的唯一主产地。2019年，梯田红米被评为全国第一批十大优质农作物种质资源。米易县梯田红米至今保留众多野稻基因，具有耐瘠薄、抗病能力强、稳产、耐寒能力强等特点。生育期长达240天左右，且在种植过程中遵循自然耕种之道，一定程度上使米易县梯田红米比一般的大米更有韧性、更香、更有嚼劲、更有营养价值。百年间，村民也一直采用传统方式，如采用傈僳族传统的"水碓""碾房"，进行糙米的加工制作。在四川省财政厅的持续支持下，傈僳族人先后种植了五彩水稻、红米等品种，打造出千亩梯田美景，其种植基地在2022年初被评为国家4A级旅游景区。百丈幽谷、千亩梯田、万亩杜鹃、非遗文化、民族风情，结合梯田红米产业发展新思路，吸引了不少游客，促使当地农文旅融合发展步入了快车道。

食为政首，谷为民命。习近平总书记指出："中国人要把饭碗端在自己手里，而且要装自己的粮食。"种优则粮丰，中国粮主要用中国种。安宁河谷平原是四川第二大平原，水稻种植面积约100万亩。德昌县位于安宁河谷平原中部，水稻种植面积常年约9万亩，产量约4.6万t。近年来，德昌县贯彻落实习近平总书记提出建设"天府粮仓"的要求，抢抓"中国凉山·安宁河现代农业硅谷"建设机遇，大力推动安宁河流域水资源配置工程建设，发挥"天然温室"特色农业资源优势，积极推进中国·德昌香稻农旅融合示范项目，全力打造"天府第二粮仓"核心示范区，德昌香稻发展焕发出新的蓬勃生机。2022年，德昌县贯彻国家"藏粮于地、藏粮于技"的战略部署，依托螺髻山文旅影响力、安宁河谷"黄金"农业资源和"德昌香米"千年稻作文化，全力推进农文旅体融合发展，打造中国·德昌香稻农旅融合示范项目园区（图3-6）。

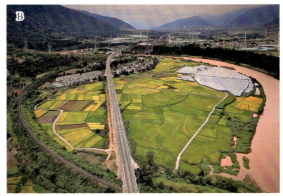

图3-6 德昌香稻糙米（A）及其产业示范园（B）

园区规模1.10万亩，核心区3000亩，形成智慧农业实验区、农旅融合发展区、家庭农场示范区三大功能分区，结合国土空间规划、以粮蔬种植和螺髻山生态旅游为主的现代农旅发展区定位，推广优质稻种植，保护"国家粮袋子"，加强农业种源科技研发，培育"名优金种子"，传承推广"德昌香米"品牌，振兴本土老牌子，实现一二三产业融合，辐射带动全域经济高质量发展。整个项目将推广各类优质水稻种植1万余亩，并发展稻渔共生、农旅融合等一系列子项目，打造一个现代农业综合智慧服务示范产业园，2022 年 8 月，德昌香稻参选由四川省农业农村厅组织的四川省新发现优异种质资源评选活动，被评选为四川省新发现的七大优异种质资源之一。此次德昌香稻喜获四川省新发现优异种质资源，十分有益于推动优异种质资源保护与利用，为传承、开发德昌香稻奠定了坚实基础。可以说，德昌香稻发展迈出了坚实的步伐。近年来，德昌县委、县政府用政策支持、科技支撑，放大优势资源禀赋，深度融合农业、旅游、文化等产业，持续巩固脱贫攻坚成果，有效衔接乡村振兴，为德昌香米的传承和开发开创了广阔前景，将"稻花香里说丰年"变成了现实。

第四章

四川玉米种质资源多样性及其利用

第一节　玉米种质资源基本情况

玉米种质资源是玉米育种的前提和基础，是行业发展的基石，深入认识和合理选择种质资源，可以显著提高育种效率，加快育种进程。玉米是我国种植面积最大的粮食作物，同时又是重要的饲料作物和工业原料；玉米原产于墨西哥，15世纪末传至我国，在四川已有300多年的种植历史，是我省的重要粮食与饲料作物。

四川玉米生产区可划分为盆东南丘陵春玉米区、盆中浅丘春玉米区、盆西北春夏玉米区、盆周边缘山地玉米区及川西山区玉米区5个区。四川于2018年启动了新中国成立以来规模最大、覆盖面最广的"第三次全国农作物种质资源普查与收集行动"。本次普查收集的731份玉米种质资源均为地方品种，其中在川北和川南地区收集到的玉米种质资源数量相对较多；在地处川西的阿坝藏族羌族自治州（后简称阿坝州）和甘孜州收集到的种质资源数量占全省玉米种质资源的15%；川东地区的种质资源数量相对较少。本次种质资源普查与收集行动发现的部分具有优异农艺性状的种质资源已在原产地被直接开发利用，其中创新利用和部分产业化的资源包括长宁白糯玉米、资中草莓玉米、小金黄玉米、旺苍五月花苞谷等，形成了当地特色农产品，助力当地特色产业振兴。

一、玉米种质资源的背景

玉米（*Zea mays*）是禾本科玉蜀黍属一年生高大草本植物，又称玉麦、包谷、番麦。玉米原产于墨西哥，15世纪末，由葡萄牙人传至爪哇，一路经印度、缅甸传到中国西南地区，经菲律宾传至中国东南福建地区。金陵大学教授万国鼎的《五谷史话》中记载，1686年玉米传入四川。光绪版《奉节县志》记载："包谷（玉米）、洋芋（土豆）、红薯三种古书不载，乾嘉以来，渐产此物……今则栽种遍野，农民之食，全恃此矣。"说明玉米在四川的种植历史不过300余年，在四大粮食作物中它属于最年轻的。

据植物智（https://www.iplant.cn/）记载，玉米秆直立，通常不分枝，高1～4m，基部各节具气生支柱根。叶鞘具横脉；叶舌膜质，长约2mm；叶片扁平宽大，线状披针形，基部圆形呈耳状，无毛或具疣柔毛，中脉粗壮，边缘微粗糙。顶生雄性圆锥花序大型，主轴与总状花序轴及其腋间均被细柔毛；雄性小穗孪生，长达1cm，小穗柄一长一短，分别长1～2mm及2～4mm，被细柔毛；两颖近等长，膜质，约具10脉，被纤毛；外稃及内稃透明膜质，稍短于颖；花药橙黄色；长约 5mm。雌花序被多数宽大的鞘状苞片所包藏；雌小穗孪生，呈 16～30 纵行排列于粗壮序轴上，两颖等长，宽大，无脉，具纤毛；外稃及内稃透明膜质，雌蕊具极长而细弱的线形花柱。颖果球形或扁球形，成熟后露出颖片和稃片之外，其大小随生长条件不同具有差异，一般长 5～10mm，胚长为颖果的 1/2～2/3。

二、玉米种质资源的发展历程

我国近代玉米育种的启蒙和创建时期大约始于 20 世纪初，1925 年，遗传育种学家赵连芳率先开展了玉米自交系和杂交种选育工作，开创了我国现代玉米育种的新纪元；1937 年和 1938 年，蒋德麒和吴绍骙先后从美国回国，带回了 42 个双交种和 50 多个自交系，由中央农业实验所分别在成都、贵阳、昆明、柳州等地进行比较试验，选出具有利用价值的杂交种；从 1939 年起，原华北农事试验场开始从事地方品种改良，选出华农 1 号、华农 2 号两个品种，在华北部分地区推广种植；抗战期间，广西的范福仁，四川的张连桂、李先闻、杨允奎等都较为系统地开展了玉米自交系选育和杂交种组配试验，并育成了一些有利用价值的自交系和杂交种；1947～1949 年，陈启文等在山东解放区进行玉米品比试验，从太行山区引进金皇后品种进行推广种植。在这一时期，我国玉米育种的先驱选育了部分杂交种、自交系，改良了部分地方品种，至 1949 年，全国玉米种植面积 19 372.8 万亩，单产仅 64.1kg/亩。

新中国成立后，1950 年 2 月农业部组织召开了"全国玉米工作座谈会"，吴绍骙、张连桂、李竞雄、刘泰、陈启文等专家制定了《全国玉米改良计划（草案）》，结合当时我国的实际情况，提出了以推广品种间杂交种，同时发展综合品种的方案。另外，进一步明确提出了以选育自交系间杂交种作为我国玉米育种的发展方向。20 世纪 50 年代后期至 60 年代后期主要为玉米的双交种选育和应用时期，其间全国各地开展了玉米自交系间的杂交育种工作，相继育成一批高产双交种，全国共育成双交种 50 多个，四川农学院（后更名为四川农业大学）的育种专家杨允奎教授主持育成的川农 7 号、川农 15 号以及三交种矮双苞材料在西南地区种植。在全国各地多位育种前辈的不懈努力下，全国玉米生产走上了以双交种为主的阶段。双交种的选育与推广真正体现了杂种优势在玉米生产上的应用价值，使全国玉米平均亩产从 50 年代后期的 90kg 提高到 60 年代后期的 115kg 左右，增产 28% 左右。

从 20 世纪 60 年代后期至今是以单交种的选育和应用为主，我国育种专家在选育双交种过程中发现优良单交种比双交种的植株性状更为整齐，杂交优势更强，抗病性强，亲本繁殖和制种简单。因此，玉米育种工作由选育双交种为主，向单交种为主跨越，这一时期也是玉米品种改良最为辉煌的时期。张志方等（2023）在种质创制时引入了 PB 类种质（non-Reid 种质群），通过杂交、回交、自交育种技术，结合二环系选育方法，对现有种质进行改良；采用单交种组配方法对改良种质进行测配，在严格筛选及多年多点鉴定的基础上，选育出了综合性状优良的国审玉米单交种浚单 658。该品种耐密、稳产、抗逆性强，适合在黄淮海地区推广种植。淄博鲁中农作物研究所于 2014 年以 Lz3158 为母本、Lz702 为父本进行杂交组配，结合生产实际，在玉米自交系选育过程中经多次测配、多年异地鉴定后，于 2018 年成功育成优质、高产、多抗玉米单交种淄玉 906（卢振宇等，2023）。广西农业科学院玉米研究所以自选的自交系桂 39522 为母本、自选的自交系桂 12123 为父本进行杂交，育成了玉米新品种桂单 0826。该品种生育期适宜，苞叶包紧度较紧，外观好，品质优，综合抗性好。2019 年该品种参加广西玉米科研联合体区域试验，春秋两季平均产量可达 0.49t/亩（何雪银等，2022）。

三、玉米种质的行业发展与应用

我国玉米的主要产区是东北、华北和西南山区，现如今世界各地皆有栽培，主要分布在南北纬 30°～50°。栽培面积较多的是美国、中国、巴西、墨西哥、南非、印度以及罗马尼亚等国家。

美国是玉米育种第一大国，在美国，Reid、Iodent、Troyer、Osterland、BSSS 和 Funk 是应用最多的瑞德黄马牙（Reid Yellow Dent）种质，其次是 Minnesota 13、Lancaster Sure Crop、西北马齿、Leaming 等。Reid Yellow Dent、Minnesota 13、Lancaster Sure Crop、西北马齿、Leaming 这 5 个古老的种质占美国玉米杂交种遗传基础的 87%（Troyer，2004；张世煌等，2006）。Reid 是由 James Reid 培育出来的，以此为基础衍生出的著名品种有 Troyer、Iodent、BSSS、Funk、Osterland 等（Troyer et al.，2007a）。Minnesota 13 属于中熟品种，是明尼苏达州和威斯康星州最早一批杂交种的亲本，黄色马齿形，同时它也是重要的早熟资源，被美国孟山都公司重视并利用，之后培育出了 LH82 系列自交系，主要有 LH168、LH176、LH283 等（Troyer et al.，2007b；孙琦等，2016）。Oscar Will 选育的西北马齿属于中早熟玉米品种，籽粒半马齿形，从 Bloody Butcher 品种中选育而成，是杂交种 Copper 的父本自交系，也是选育美国早熟品种的重要种质资源（Troyer et al.，2007a），可用于改良作物品种的早熟性。从普通玉米中选育而成的 Leaming 玉米品种黄粒，果穗锥形，它是自交系 Oh07 的亲本来源，自从 Oh07 被先锋公司重视后，先后培育出了 PHG35、PHK56、PHG48、PHR03、PHBE2、PHN46 等优良的商业自交系（孙琦等，2016）。

我国国土广阔，横跨寒带、温带和热带，地形复杂，各地海拔差异悬殊，土壤类型繁多，由此形成了多种多样的生态环境，加上农业历史悠久，耕作制度多样，经过长期的自然和人工选择形成了丰富多样的作物种质，使我国成为世界上作物的重要起源中心。经过40 多年的收集、保存和研究，我国现已建成世界上仅次于美国的国家作物种质资源库和中国农作物种质资源信息系统（曹永生等，1997）。

玉米是重要的粮食作物和饲料作物，从 1998 年开始我国玉米总产量已超过水稻和小麦，居世界首位。玉米不仅生产潜力大、经济效益高，而且具有食用、饲用和多种工业用途。据中国种业大数据平台（http://202.127.42.145/bigdataNew/home/Germplasm）统计，截至 2024 年 7 月，我国可供利用的玉米种质资源有 1572 份，其中包括 525 份自交系材料、1000 份地方品种和 47 份合成群体。玉米无论是在表型水平还是在分子水平上都属于遗传差异较大的物种。玉米育种工作由于现有可利用的种质遗传基础狭窄出现了"瓶颈"现象。我国 90% 以上的玉米杂交种，其亲本大都离不开约 20 个骨干自交系，即使在育种水平较高的美国，目前所利用的玉米种质资源也还不到总资源量的 5%。优质、抗逆、高配合力和适应性广的种质资源的匮乏，始终是我国玉米育种快速发展的制约因素（张新等，2010）。尽管近年来玉米杂交种的遗传增益有所提高，但连续选择使杂交种质的遗传基础脆弱，缺乏持续选择的有利基因，玉米育种难以取得突破性进展。而解决这一问题的关键在于种质资源的扩增、改良与创新。发掘与创新玉米种质、拓宽种质基础成为当前玉米育种工作者面临的首要任务（雷涌涛等，2016）。

墨西哥野玉米（*Euchlaena mexicana*）是玉米同科的近缘属植物，植株庞大、丛生，具有较强的抗病性，同时与现今栽培的玉米具有相同的染色体数目（$2n=20$），因此易与玉米杂交授粉，为利用墨西哥野生玉米优异的高抗特性提供了条件。20 世纪 50 年代初期，四川推广地方良种彭县二金黄、南充秋子、五叶子、六十早、开县秋、狗牙齿，并引进金皇后、辽宁白等。引进品种比地方品种增产 15% 以上，其中金皇后推广面积最大，累计推广 50 万亩以上。自 1958 年起，四川开始推广品种间杂交种、综合种、顶交种和双交种。

早年间，四川省农业科学院作物研究所的科研人员利用墨西哥野生玉米种质资源对自交系金 74 进行了改良，获得了抗病改良系金 74B 材料；并利用其野生性选育青饲玉米杂交种，用它与自交系杂交选育二环系，在增强抗病性的同时也提高了亩产（杨令贵，1989）。四川农业大学玉米研究所选育的玉米新品种川单 99（图 4-1）具有高产、优质、抗逆、广适和粮饲兼用等突出特点，于 2019 年在云南通过品种审定，2020 年先后通过广西和四川品种审定，并在 2021 年通过国家西南普通玉米和青贮玉米审定，2022 年通过国家黄淮海青贮玉米审定。川单 99 是近年来西南地区育成品种推广区域、推广面积和市场影响力最大的玉米单一品种。

图 4-1　西南地区育成的市场影响力最大的玉米品种——川单 99

近代育种的发展趋势表明，在同一作物的育种中，都应用了一些来源相同或相近的种质。因此，新品种的推广，特别是一些突破性单一品种的大面积推广，一方面推动了生产发展，同时也导致品种遗传基础贫乏化，结果必然增加作物对病虫害危害的脆弱性，如美国 1970 年玉米小斑病 T 小种大流行的事例等。大量实践证明，要克服遗传脆弱性，必须探索新的基因资源，选育具有不同遗传基础的新品种。目前全世界已经发现的 39 万种植物中，栽培作物仅有 2300 种，其中食用作物 900 余种，经济作物约 1000 种，饲料、绿肥作物 400 种。随着遗传资源的收集和研究工作的不断发展，可利用的野生植物种类越来越广泛。近年来，许多国家更加重视野生植物资源的探查和挖掘，从中筛选出可作为纤维、造纸、医药、杀虫剂等工业原料的作物，分别发展为新作物。

随着人们生活水平的逐步提高，玉米种质也趋于多样化。种质资源是玉米育种的前提和基础，是行业发展的基石，深入认识和合理选择种质资源，可以显著提高育种效率，加快育种进程。然而在玉米育种原始材料的选择和构建中，不能仅仅局限于杂种优势群和杂种优势模式，还要根据不同类型的种质资源、育种目标和思路加以合理利用。

第二节　玉米种质资源的分布和类型

一、玉米种质资源的分布

现今种植的玉米依据用途进行划分，可分为食用、饲用及工业用三种类型。食用玉米即鲜食玉米，可分为甜玉米、糯玉米、甜糯玉米；饲用玉米即普通玉米；工业用玉米即青贮饲料类玉米。我国主要有五大玉米主产区：北方春播玉米区、黄淮海平原夏播玉米区、西北灌溉玉米区、青藏高原玉米区、南方玉米区（包括南方丘陵玉米区和西南山地玉米区）。

四川位于中国西南部，地处长江上游，26°03′N～34°19′N、97°21′E～108°12′E。四川分属三大气候，分别为四川盆地中亚热带湿润气候、川西南山地亚热带半湿润气候和川西北高山高原高寒气候，地貌东西差异大、地形复杂多样，山地、丘陵、平原、高原分别占全省面积的 77.1%、12.9%、5.3%、4.7%。四川耕地集中分布于东部平原和低山丘陵区，占全省耕地的 85% 以上（王小燕等，2023）。

本次资源普查辐射全省 21 个市（州），共征集收集玉米种质资源 731 份，均为地方品种，抢救性收集了二金黄、小二黄、小金黄、黄金早等一批濒临消失的玉米种质资源。其中，广元市的种质资源数量最多，有 100 份，占全省玉米种质资源的 13.68%；其次是乐山市、绵阳市，占比分别为 10.81%、10.12%；雅安市、巴中市各征集收集了 70 份玉米种质资源，均占比 9.58%；阿坝州 63 份，占比 8.62%；甘孜州和凉山州分别收集了 47 份、45 份，占比分别为 6.43%、6.16%；盆中浅丘春玉米区征集收集到的玉米种质资源份数最少，其中自贡市 1 份、内江市 3 份、资阳市 3 份，占比累计 0.96%（表 4-1）。

表 4-1　四川 21 个市（州）玉米种质资源分布

市（州）	种质资源份数	占比/%	市（州）	种质资源份数	占比/%
成都市	9	1.23	攀枝花市	25	3.42
眉山市	17	2.33	宜宾市	35	4.79
资阳市	3	0.41	南充市	16	2.19
德阳市	6	0.82	泸州市	30	4.10
绵阳市	74	10.12	巴中市	70	9.58
雅安市	70	9.58	自贡市	1	0.14
遂宁市	8	1.09	达州市	20	2.74
乐山市	79	10.81	阿坝州	63	8.62
内江市	3	0.41	凉山州	45	6.16
广安市	10	1.37	甘孜州	47	6.43
广元市	100	13.68	合计	731	100.00

二、玉米种质资源的类型

种质资源的种类繁多，分类方法也不尽一致。玉米种质资源可以根据来源、育种实用价值和亲缘关系进行分类。

（一）按来源分类

1. 本地种质资源

本地种质资源包括流传的古老地方品种和当前推广的改良品种，印证了达尔文《进化论》中"适者生存，优胜劣汰"的生存法则。这类资源是育种中最基本的原始材料，这类资源的特点是对本地区基本生态条件具有良好的适应性，它们在当地的自然条件下，经过长期的自然选择和人工选择，对本地区的自然条件具有高度的适应性。具体表现在生长发育和其他生理特性与当地的气候、土壤以及原有的耕作条件相适应。但是随着生产的发展和生活水平的提高以及病虫害种类的不断变化等，原有的品种对当地的适应性可能会降低，这就要求有新的良种代替原有品种。因此，本地种质资源也不是一成不变的，随着环境的变化，本地种质资源也会相应地发生变化。

2. 外地种质资源

外地种质资源包括引自外地和国外的品种与类型，对本地的自然条件和生产要求一般不能全面适应，但这些资源在生物学和经济学上都具有不同的优良特征特性，其中有些优良特性是本地资源所不具备的。在育种中主要是利用它们的某些有利基因，将其导入要改良的品种中，培育既能够适应本地条件又能满足生产需要的新品种，用于生产、推广种植。

3. 野生种质资源

野生种质资源包括玉米的近缘野生种和有利用价值的同属野生玉米，如墨西哥野生玉米。在长期自然选择的条件下，野生玉米具有一般栽培类型所没有的较强的抗逆性和抗病虫害特性。在玉米野生种质资源的利用上，往往会把野生种的有利基因或染色体片段转移到需改良的品种中。此外，还可以合成异源多倍体，创造新作物，也可直接利用野生种质资源直接发展成新的作物。

4. 人工创造的种质资源

人工创造的种质资源是在现有各类材料的基础上，通过杂交、人工诱变等手段创造出的原始材料。它包括各种突变体、远缘杂交的中间产物、育种过程中的中间材料等。特点是它们具有自然界现有资源所没有的特征特性，是育种领域和理论研究的宝贵材料。

（二）按育种实用价值分类

1. 地方品种

地方品种又称为农家品种，是指局部地区栽培的品种。一般是没有经过现代育种手段改进的，并且大部分已被淘汰。但这类品种对本地的生态环境具有良好的适应性，适宜当地的气候环境、土壤及耕作条件。

2. 主栽品种

主栽品种是指采用现代育种技术改良过的品种，包括自育和引进的品种。这类资源丰产性好，适应性较广，一般被用作育种的基本材料。

3. 原始栽培类型

原始栽培类型是指具有原始农业性状的类型，大多为现代栽培作物的原始种或参与种，不良性状遗传率高是这一种质类型的缺点。

4. 野生近缘种

玉米的野生近缘种包括介于栽培类型和野生类型之间的过渡类型。这类资源常常具有作物所缺少的某些抗逆性，可以通过远缘杂交或现代生物技术将其导入作物中。

5. 人工创造的种质资源

作物育种的中间材料，如诱变育成的突变体、杂交后代、远缘杂种及其后代、合成种等。这类资源具有一定的优良性状，但也因其具有某些缺点而不能成为品种进而推广种植。

（三）按亲缘关系分类

20 世纪 70 年代，Wet 和 Harlan（1971）按亲缘关系将种质资源分为三级基因库。

1. 初级基因库（GP-1）

同一类的各种材料，能相互杂交，杂种可育，正常结实，染色体配对良好，基因转移容易。

2. 次级基因库（GP-2）

近缘野生种，这类种质资源间可以进行基因交流，但存在部分困难。

3. 三级基因库（GP-3）

亲缘关系更远的类型，彼此间杂交不结实，不育，即杂交不亲和。

第三节　玉米种质资源多样性变化

遗传变异是育种选择的基础，因此保持育种资源的多样性非常必要。种质资源多样性指的是作物品种之间的差异性，包括不同品种之间的差异、同一品种不同亚型之间的差异，以及同一植株不同部分（如根、茎、叶、花、果等）之间的差异。此外，还包括不同地点和不同气候条件下同一品种的差异等。农作物在长时间的自然选择和人工培育过程中，逐渐积累了丰富的遗传多样性，不仅满足了不同地区和不同人群对作物的需求，还为人类生产和生活提供了更多转化和利用的可能性。利用种质资源的多样性能够为农业发展提供更多的选择和可能，是实现粮食生产可持续发展的重要手段。

一、新品种的选育

种质资源即基因池，蕴藏着无穷无尽的基因资源，可通过人工杂交的方式，对植物基因进行重组，从而获得新的品种。新品种的选育能够充分利用种质资源的遗传多样性，而且能够提高作物产量，促进经济发展。

二、优良品种的保护

优良品种的保留和保护对于农业发展具有重要意义，对能够适应不同逆境的耐旱、耐盐、抗病虫害品种和早熟、高产等优良品种进行选择性利用和保护，可提高耕地效率和保证粮食供应。四川分别在 1956 年、1981 年、2014 年开展了农作物种质资源普查工作，玉米作为我国四大作物之一，其种植面积分别为 1485.14 万亩、1655.33 万亩、1588.88 万亩，始终维持在千万亩以上。1956 年成都市玉米种植面积最大，但在第二次种质资源普查（1981 年）时，成都市的玉米种植面积缩减了近一半，广元市的种植面积则增长了一半左右；三次农作物资源普查结果显示绵阳市的玉米种植面积基本维持在相对稳定的水平，2014 年农作物资源普查数据也显示绵阳市是玉米种植面积最大的市，其次是凉山州、南充市、资阳市等（图 4-2）。

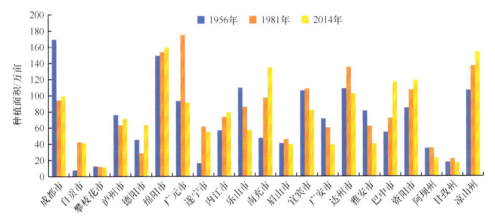

图 4-2　四川各市（州）玉米种植面积

随着时代的发展与社会的进步，收集到的粮食作物种质资源总数呈上升趋势；但地方品种，也就是农家品种数量急剧减少。1956 年，地方粮食作物品种占据着主要市场，约占总资源数量的 83.8%；20 世纪 50～80 年代，大批育种专家对农作物进行改良，这些育成品种具有高产、高抗的优良特性，育成品种逐步取代了地方品种，至 1981 年第二次种质资源普查时，收集到的育成品种数量已然超过地方品种，占比 53.33%；20 世纪末期，农作物育种工作取得了重大突破，1956～2014 年，农家品种数量逐渐减少；而育成品种，也就是经人工改良后的品种数量增加了 14 倍左右（图 4-3）。

1956 年玉米地方种占粮食作物资源总数的 23%，是地方品种最多的粮食作物。随着育种技术的发展，1981 年玉米地方品种占粮食作物资源总数的 15.5%。进入 21 世纪后，玉米育成品种逐步取代了地方品种，2014 年普查结果显示玉米地方品种仅占比 4.6%（图 4-4）。

玉米种质资源类型呈现出地方品种资源急剧减少、育成品种资源快速增加的原因，主要是随着自然环境、种植结构和土地经营方式等方面的变化，高产高效多抗新品种大面积推广应用，品种更新换代速度加快，导致留存的地方品种数量较少，被产量高、抗性好、经济产值更高的育成品种所替代。

图 4-3　粮食作物种质资源类型占比

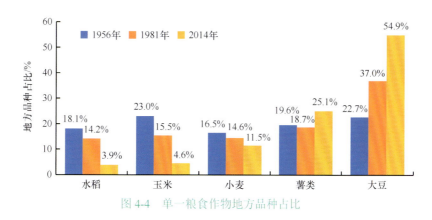

图 4-4　单一粮食作物地方品种占比

第四节　玉米优异种质资源发掘

　　种业是农业的芯片，优异种质资源是种业的芯片。本次玉米种质资源普查与收集行动通过查阅地方县志、统计年鉴、老旧档案，走访老农技员、老村干部等，共征集收集玉米种质资源 731 份，均为地方品种，抢救性收集了二金黄、小二黄、小金黄、黄金早等一批濒临消失的玉米种质资源。在四川 8 个市（州）发现了一批农业文化底蕴浓厚、民族传统文化突出、地域环境特征明显的玉米优异种质资源，共计 12 份，均属于地方品种。其中，成都市 2 份、泸州市 1 份、乐山市 2 份、广元市 2 份、广安市 1 份、阿坝州 1 份、内江市 1 份、宜宾市 2 份（表 4-2）。

表 4-2　玉米优异种质资源名单

名称	类型	采集地
玖紫玉米	地方品种	成都市都江堰市
九子苞谷	地方品种	成都市彭州市
古蔺大棒玉米	地方品种	泸州市古蔺县
红玉米	地方品种	乐山市峨边彝族自治县
冬不老黄玉米	地方品种	乐山市峨边彝族自治县
花苞谷	地方品种	广元市旺苍县

续表

名称	类型	采集地
华蓥玉米	地方品种	广安市华蓥市
小金黄玉米	地方品种	阿坝州小金县
五月花苞谷	地方品种	广元市旺苍县
草莓玉米	地方品种	内江市资中县
夏至玉米	地方品种	宜宾市叙州区
白玉米	地方品种	宜宾市兴文县

1. 长宁白糯玉米（2019513251）

【作物及类型】玉米，地方品种。

【来源地】宜宾市长宁县。

【种植历史】20 年以上。

【种植方式】净作种植或与大豆、红苕等套作。

【农户认知】抗性好，糯性好，三不粘。

【资源描述】外壳呈银白色，糯性极好，抗病性强、抗虫性强、抗寒性强、抗旱性强、耐贫瘠。该品种营养丰富，支链淀粉含量高，可制作猪儿粑（图 4-5），富含膳食纤维、脂肪、各种氨基酸，还有丰富的钙、铁、硒、锌、钾、叶酸、烟酸以及人体必需的各种维生素，是营养丰富的食品。

图 4-5　长宁白糯玉米

A：长宁白糯玉米籽粒；B，C：长宁白糯玉米制作猪儿粑

2. 资中草莓玉米（P511025043）

【作物及类型】玉米，地方品种。

【来源地】内江市资中县。

【种植历史】50 年以上。

【种植方式】净作种植或与大豆、红苕等套作。

【农户认知】小巧美观，酷似草莓（图 4-6），用于爆玉米花，味道香脆，口感好。

【资源描述】资中草莓玉米属于爆裂玉米类型，具有早熟、耐瘠、外观美、色泽好、品质优等特点。资中草莓玉米是资中县特有的本地玉米品种，因色泽与形状酷似草莓，被当地民众俗称"草莓玉米"，是产业化及农旅融合开发利用的优异种质资源。

图 4-6　资中草莓玉米

A：草莓玉米果穗；B：草莓玉米后代会分离出紫色和黄色玉米穗

3. 小金黄玉米（2021513217）

【作物及类型】玉米，地方品种。

【来源地】阿坝州小金县。

【种植历史】100 年以上。

【种植方式】3 月播种，直播，不打药，施农家肥。

【农户认知】抗性好，品质好，高蛋白，营养好，口感好，入口细滑。

【资源描述】硬粒型玉米，穗长 15cm 左右，粒色偏红，品质好、高蛋白、耐瘠，几乎无秃尖，抗性特别好，尤其抗穗腐病。小金黄玉米是一种特殊的金黄色玉米地方品种，穗缕长而宽，籽粒饱满，颜色金黄而丰富（图 4-7）。

图 4-7　小金黄玉米粒（A）及果穗（B）

4. 旺苍五月花苞谷（P510821032）

【作物及类型】玉米，地方品种。

【来源地】广元市旺苍县。

【种植历史】100 年以上。

【种植方式】直播，净作或套作。

【农户认知】可以自留种，祖祖辈辈传下来的，抗病、抗旱、耐瘠薄。

【资源描述】旺苍五月花苞谷种植历史悠久，在当地已经种植至少 100 年，有上万亩。产量稳定，一般能达到 400kg/亩；抗旱、抗病、耐瘠薄；营养丰富，可制作成玉米糁（小颗粒）（图 4-8）。

图 4-8　旺苍五月花苞谷植株（A）及果穗（B）

第五节　玉米种质资源创新利用及产业化情况

我省新发现的部分具有优异农艺性状的种质资源已在原产地被直接开发利用，形成了当地特色农产品，助力当地特色产业振兴。本次玉米种质资源普查与收集行动共征集收集玉米种质资源 731 份，其中创新利用和部分产业化的资源包括长宁白糯玉米、资中草莓玉米、旺苍五月花苞谷等。

1. 长宁白糯玉米

这种本地糯玉米是制作猪儿粑的原材料，制成的猪儿粑比糯稻制成的猪儿粑糯性更强，更有弹性，香味更浓郁，易于人体消化吸收，"三不粘"，即不粘牙齿、不粘筷子、不粘蒸布。检测结果显示：该品种营养丰富，支链淀粉含量高，达 100%，不但含有脂肪、膳食纤维、各种氨基酸，还含有丰富的钙、铁、硒、锌、钾、叶酸、烟酸以及人体必需的各种维生素，是营养丰富的食品。在当地饮食文化中，流行吃猪儿粑。已经有农民专业合作社在小规模种植和开发，利用周末和节假日农家乐经济新形式带动消费，出现供不应求的情况。今后结合猪儿粑的文化特质和市场优越性，成立农旅融合公司，种植特色糯玉米，对当地的糯玉米种植进行统一规范，引进技术及设备对糯玉米产品进行进一步深度开发和特色打造，并结合优美的自然环境共同宣传和开发，以带领全县农户共同致富，在精准扶贫和乡村振兴方面具有重大利用前景。

2. 资中草莓玉米

资中草莓玉米烹制的爆米花香味浓、口感酥脆，是当地老百姓喜爱的休闲零食，因此一直种植至今，在资中县当地已有几十年的种植及食用历史，在当地饮食文化中占据重要的一席之地。其早熟、耐瘠、优质等优异性状可用于玉米育种材料改良。另外，由于其籽粒莹润，如宝石般光泽，且穗型短小，适合把玩，是产业化及农旅融合开发利用的优异种质资源。

3. 旺苍五月花苞谷

旺苍五月花苞谷种植历史悠久，在当地已经种植至少 100 年。在良种普及的今天，旺苍北部山区仍然有很多农户种植，约有上万亩。可以自留种，减少成本投入；产量稳定，一般能达到400kg/亩；抗旱、抗病、耐瘠薄；营养丰富，可制作成玉米糁（小颗粒）。在没有杂交稻时，玉米糁可以说是旺苍大部分老百姓的主粮，也可以制作成米豆腐（既可以炒菜，又可以烧烤），软糯清香；还可以用作家禽牲畜的饲料；经农业农村部食品质量监督检验测试中心检测，富含花青素（50.3mg/kg），极具开发价值。

第五章

四川麦类作物种质资源多样性及其利用

第一节　麦类作物种质资源基本情况

一、小麦种质资源基本情况

小麦族包含了全部的麦类作物种质资源，其隶属于单子叶植物纲禾本科早熟禾亚科，全球近 500 种，其中一年生约有 100 种、多年生约有 400 种，广泛分布于北半球温带地区。小麦族植物生态环境复杂多样，从自然状态下的森林边缘、灌丛、沼泽、草原、河谷、荒漠和戈壁到人类开发的山地和农田，从沿海海岸至海拔 5000m 以上的高山之巅均能找到它们的踪迹。其中，普通小麦（*Triticum aestivum*）是禾本科小麦属一年生或越年生草本植物，原产于印度、伊朗、黎巴嫩、叙利亚、巴基斯坦、巴勒斯坦、外高加索、土耳其及西喜马拉雅山地区，现在世界各地广泛种植。中国南北各地广为栽培，品种很多，性状均有所不同。小麦的颖果是人类的主食之一，磨成面粉后可制作面包、馒头、饼干、面条等食物，发酵后可制成啤酒、白酒等。

四川秋种夏收小麦称为"冬麦"或"宿麦"，其种植具有明显的地域分布，四川小麦主产区主要位于四川盆地、安宁河流域及青藏高原东缘。南宋时期是四川小麦生产的转折点，当时北方人大量南移，以麦为食的人口激增，供不应求，麦价上涨。庄季裕《鸡肋编》中记载，"绍兴初，麦一斛至万二千钱，农获其利，倍于种稻。而佃户输租，只有秋课，种麦之利，独归客户，于是竞种春稼，极目不减淮北"。农民种麦自得，麦价又高，激发了农民种麦的积极性。南宋以后，南方逐步形成一年稻麦两熟（轮作）的耕作制度。水旱轮作，在四川盆地内开始扩展。山区梯田种稻，配合种二麦（小麦、大麦）。20 世纪 30 年代，四川主要推广的小麦为地方品种，如成都光头，而后从国外引进了金大 2905、中农 28、南大 2419、川福麦、矮立多、碧玉麦等品种，对地方品种进行改良。

本次普查共征集小麦资源 147 份，其中 59 份为地方品种、75 份为早期/改良品种/系，另有 13 份资源来源不明（我们以通用名字"小麦"命名）。同时，在这次普查活动中，我们抢救性收集了四倍体小麦地方品种甲着、六倍体广元地方品种红小麦等一批濒临消失的具有育种以及产业化价值的小麦种质资源。我们对收集的小麦进行繁种和初步鉴定，繁种地点为四川成都，主要鉴定结果如下。

成熟期：本次收集的小麦种质资源的播种期一致，为每年的 10 月底至 11 月初，但成熟期差异较大，最早的成熟期为翌年 4 月 23 日（如采集自四川省甘孜州巴塘县的藏麦)，最晚的成熟期为6月20日（如采集自四川省阿坝州九寨沟县的西藏肥麦），生育期169～223天，其中大部分种质资源的生育期180～200天，春性、弱春性品种居多。

株高：60.0～161.7cm，收集的大多数种质资源的株高为70～110cm（图5-1），编者认为其中的绝大多数为现代改良品种经由商业途径传播至山区农家，并经过多年种植繁种，收集时被认为是农家种留种至今，60～90cm的种质资源中大多数为改良品种/系，110～170cm的种质资源有60份，通过访问调查，这些材料种植时间更为久远，可以认为是农家自留种，其中确定为地方品种的有59份。

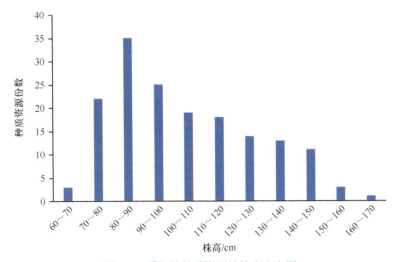

图 5-1　采集的种质资源的株高分布图

穗：穗长6.0～14.0cm，穗型有尖穗、方穗，芒的类型有长芒、短芒、顶部有芒、无芒，小穗数14.7～27.0个/穗，每个小穗平均籽粒数1.6～3.8粒，穗粒数28.8～82.0粒，其中，收集的改良品种穗粒数要普遍大于地方品种，但地方品种中也存在穗粒数高的多花多实种质资源，如采集自四川省甘孜州丹巴县的春小麦（采集编号2021513051），其穗粒数为74粒（株高120cm），超过了多数育成品种。

籽粒性状：籽粒颜色有红粒、白粒、紫粒，其中红粒居多，籽粒质地分为粉质、半角质、半粉质、角质，其中粉质居多，地方品种中大部分为粉质，千粒重18.6～60.2g，如在地方品种中采集自四川省甘孜州炉霍县的鱼皮小麦（采集编号P513327022）千粒重58.5g（株高113cm、穗粒数为43粒）。

二、大麦种质资源基本情况

大麦（*Hordeum vulgare*）属于禾本科小麦族大麦属，有7对染色体（$2n=14$），自花授粉作物，主要分为青稞和藏青稞两个变种。大麦是世界上最早被驯化和利用的粮食作物与饲料作物之一，至今已有数千年栽培历史。大麦具有熟期早、丰产性好、适应性广、生育期短、抗逆性强等特性，在世界范围内广泛种植。在50°S～70°N地带，大麦遍及美国、加拿大、澳大利亚、俄罗斯、中国、西班牙、土耳其、摩洛哥等几个主产国。国内大麦的分布也较为广泛，西起新疆维吾尔自治区塔什库尔干塔吉克自治县，东到黑龙江省抚远市，北起黑龙江省大兴安岭以北地区，南至海南省，东南至沿海各省和台湾省均有大麦种植。

（一）我国大麦生态区划

根据我国栽培大麦的地理位置及生长过程中所需的最适光温条件等特性，将大麦划分为三大生态区。

1. 北方春大麦区

北方春大麦区包括东北平原春大麦区、晋冀北部春大麦区、内蒙古高原春大麦区、西北春大麦区、新疆干旱荒漠春大麦区5个生态区，属于一年一熟春麦区，该区在大麦生长时期昼夜温差大，日照长，有利于积累籽粒碳水化合物，千粒重高，以二棱和多棱稀穗型、长芒、皮大麦为主。

2. 青藏高原裸大麦区

青藏高原裸大麦区包括青海、西藏、四川甘孜州等。该区属于高原气候，高海拔，昼夜温差大，阴湿冷凉，无霜期短，春播秋收，一年一熟，该地区品种具有耐低温、耐旱、耐瘠薄的特性，以多棱裸大麦（青稞）为主，是藏民的主要粮食作物。

3. 冬大麦区

冬大麦区包括长江中下游冬播大麦生态区、黄淮冬大麦区、秦巴山地冬大麦区、四川盆地冬大麦区、西南高原冬大麦区、华南冬大麦区6个生态区。其中长江中下游冬播大麦生态区以二棱皮大麦为主，类型单一，多棱大麦皮裸兼有，长芒为主；黄河流域地方品种以多棱、密穗、钩芒类型较多，以及特有的长颈钩芒类型皮大麦；云贵高原地方品种以多棱皮大麦及短芒类型居多，二棱大麦类型多样，二棱钩芒为该区特有。

（二）我国大麦用途

依据用途，大麦分为饲用大麦、啤用大麦、食用大麦及医用或保健用大麦。

1. 饲用大麦

大麦是优质饲料作物，大麦籽粒中的蛋白质、维生素、烟酸等含量比饲料之王玉米高，可作为家畜、家禽的上等饲料。在精饲料配料中谷物比例较大，其中玉米第一，大麦第二，两者调以适当比例可使营养互补强化，提高饲料预期效果。大麦的茎秆柔嫩多汁，适口性好，富含蛋白质、维生素和矿物质，可作为青贮饲料使用。本次收集到的大麦资源中那些来自平原地区的大麦多为饲用大麦。

2. 啤用大麦

啤用大麦是酿造啤酒的主要原料，大麦制成麦芽后，再经糖化发酵来酿造啤酒。近年来随着啤酒工业的高速发展，啤酒消费水平大幅攀升，从而带动了啤用大麦的消费需求。优质啤用大麦原料外观品质，如在夹杂物、色泽、气味、籽粒形态等方面优异，此外还具有较好的酿造品质。本次收集到的大麦资源中未发现啤用大麦。

3. 食用大麦

大麦籽粒可加工成麦片、麦仁、麦粉，用于煮粥，大麦米和珍珠米淀粉含量高、可消化性好。大麦芽是一种高淀粉酶添加剂，可用于改善面包的烘焙品质，制作麦精，加工成糖果、蜜饯等。大麦是我国青藏高原北部、西南地区（包括青藏高原南部）藏民的传统饮食，也可以用去壳大麦和稻米混合蒸煮，改善蒸煮后稻米的黏稠度。本次收集到的大麦资源多为食用大麦，多数采集自四川省甘孜州和凉山州。

4. 医用或保健用大麦

近些年，大麦医药与保健价值得到较大程度的开发。大麦营养成分总指标符合现代营养学所提出的高蛋白、高维生素、高纤维、低脂肪及低糖"三高两低"新型功能食品的要求。大麦籽粒富含 β-葡聚糖、生育三烯酚等营养成分。食用富含大麦膳食纤维的保健食品，可降低血液胆固醇，预防和控制心血管疾病、高血压、脑卒中、2 型糖尿病，以及排毒通便等。本次采集的一些具有花青素的籽粒为紫色、黑色大麦，可以认为具有一定的医学保健功效。

总体来说，本次普查共征集收集大麦种质资源 194 份，其中有 3 份野生大麦、71 份地方品种（其中 24 份以通用名字命名）、120 份早期改良品种（其中有 52 份品种来源不清楚，以通用名字"大麦"命名），抢救性收集了循化兰、年呷等濒临消失的大麦种质资源。

我们对收集的 194 份大麦进行归类，选择了其中来源较为清晰的 142 份资源进行繁种，繁种地点为四川广汉，并对其农艺性状以及皮裸性、冬春性、棱形、籽粒颜色进行初步鉴定。其中，裸大麦 109 份，皮大麦 33 份；采集的大麦资源多数为春性；六棱大麦 141 份，二棱大麦 1 份（采集自四川省遂宁市射洪市的鱼儿大麦，采集编号 P510922038）；根据可查询的 140 份鉴定数据，籽粒颜色包括白、黄、红、褐、紫、黑等，其中白粒大麦资源 70 份、黄粒大麦资源 8 份、红粒大麦资源 4 份、褐粒大麦资源 2 份、紫粒大麦资源 10 份、黑粒大麦资源 46 份；芒分为长芒和短芒。

三、燕麦种质资源基本情况

燕麦（*Avena sativa*）是禾本科燕麦属一年生草本植物。叶鞘松弛，叶舌透明膜质，叶片扁平，微粗糙，圆锥花序开展，金字塔形，小穗含小花，长 10～25cm，分枝具棱角，粗糙。颖果被淡棕色柔毛，腹面具纵沟，4～9 月开花结果。《本草纲目》中记载："燕麦多为野生，因燕雀所食，故名"。燕麦主要集中产区是北半球的温带地区。中国燕麦主产区有内蒙古、河北、甘肃等地，云南、贵州、四川、西藏有小面积的种植，其中内蒙古种植面积最大，约占中国燕麦种植总面积的 35%。燕麦喜凉、喜湿、喜阳光、不耐高温，光照不足会造成发育不良，一般在山区冷凉旱地的川地、坪地、梁地、缓坡地播种种植。

不同的燕麦类型起源于不同的地区，大粒裸燕麦（六倍体 2n=42）起源于我国山西和内蒙古交界地带，中国较广泛栽培的品种是不带壳的裸燕麦（*Avena nuda*），其次是带壳皮燕麦中的栽培燕麦。燕麦俗称野燕麦，一开始被认为是杂草，具有较强的抗逆性和适应性，能在较极端条件下生存，伴随着大麦等作物生长，进而成为一种可以利用的独立栽培作物。燕麦有裸燕麦和皮燕麦两种，皮燕麦籽粒带稃，裸燕麦籽粒不带稃，我国种植的燕麦 90%为裸燕麦。

燕麦种质资源的收集与整理工作在我国开展较晚，始于新中国成立后。1958～1960年，我国收集了来自加拿大、日本、苏联、匈牙利等 21 个国家和地区的燕麦种质资源 489份。随后的收集与整理工作使燕麦种质资源在 1966 年达到了 1497 份。90 年代，随着国家对燕麦研究的重视和国际合作的开展，燕麦工作者从 28 个国家和地区又引进燕麦种质资源 1017 份。近年，通过与加拿大植物基因资源中心以及其他国家和地区的合作，引进 1078 份燕麦种质资源，这些资源被保存在四川农业大学小麦研究所。本次普查共征集收集燕麦种质资源 55 份，其中 4 份野生燕麦、27 份地方品种、24 份早期改良品种（其中有 14 份品种来源不清楚，以通用名字命名），抢救性收集了西南高山生态型燕麦乌堵等一批濒临消失的燕麦种质资源。

第二节　麦类作物种质资源的分布和类型

一、小麦种质资源的分布和类型

（一）小麦种质资源的分布

1. 我国普通小麦的分布

我国小麦分布广，全国各地都有种植。由于各地自然条件不同，形成明显不同的种植区。《中国小麦品种及其系谱》一书以《中国小麦栽培学》的区划为基础，直接划分为 10 个麦区，有的麦区还进一步划分了若干副区。

（1）东北春麦区

东北春麦区包括黑龙江、吉林两省全部，辽宁省除南部沿海地区以外的大部以及内蒙古自治区东北部。全区小麦种植面积及总产量均接近全国的 8% 左右，分别约占全国春小麦种植面积和总产量的 47% 及 50%，故为春小麦主要产区，其中以黑龙江省为主。根据温度和降水量的分布，又可将本区分为北部高寒、东部湿润和西部干旱三个副区。

（2）北部春麦区

北部春麦区地处大兴安岭以西，长城以北，西至内蒙古自治区的鄂尔多斯市和巴彦淖尔市，北邻蒙古国。全区以内蒙古自治区为主，并且包括河北、陕西两省长城以北地区及山西省北部。全区小麦种植面积及总产量分别占全国的 3% 和 1% 左右，全区小麦种植面积约为全区粮食作物面积的 20%。小麦平均单位面积产量在全国各麦区中为最低，且发展很不平衡；西部河套灌区的鄂尔多斯市、巴彦淖尔市等地的产量水平较高，河北省的张家口、山西省的雁门关以北及陕西省的榆林等地区均为低产区。依据全区南、北降水量的不同，可分为北部干旱和南部半干旱两个副区。

（3）西北春麦区

西北春麦区以甘肃省及宁夏回族自治区为主，还包括内蒙古自治区西部及青海省东部部分地区。全区小麦种植面积约占全国的 4%，总产量达全国的 5% 左右。单产在全国范围内仅次于长江中下游冬麦区，居各春麦区之首；地区间差异大，其中甘肃省河西走廊灌区及宁夏引黄灌区的单产较高。依据地形、降水等情况，全区可分为荒漠干旱、宁夏灌区、陇西丘陵以及河西走廊 4 个副区。

（4）新疆冬春麦区

新疆冬春麦区位于新疆维吾尔自治区，全区小麦种植面积约为全国的 4.6%，总产量为全国的 3.8% 左右。其中北疆小麦面积约为全区的 57.0%，以春麦为主，单产高于南疆；南疆则以冬小麦为主，面积为春小麦的 3 倍以上。依照天山走向，全区可分为南疆与北疆两个副区。

（5）青藏春冬麦区

青藏春冬麦区包括西藏自治区，青海省大部，甘肃省西南部，四川省西部和云南省西北部。全区以林牧为主，小麦种植面积及总产量均约为全国的 0.5%，其中以春小麦为主，约占全区小麦总面积的 65.3%。种植制度一年一熟。青藏高原土壤多为高山土壤，土层薄，有效养分少。雅鲁藏布江流域两岸的主要农业区的土壤多为石灰性冲积土，柴达木盆地则以灰棕色荒漠土为主。冬小麦品种为强冬性，对光照反应敏感。全区可分为青海环湖盆地、川藏高原及青南藏北三个副区。

（6）北部冬麦区

北部冬麦区包括河北省长城以南，山西省中部和东南部，陕西省长城以南的北部地区，辽宁省辽东半岛以及宁夏回族自治区南部，甘肃省东部地区和北京、天津两市。全区麦田面积和总产量分别为全国的 9% 及 6% 左右，全区小麦种植面积约为本区粮食作物种植面积的 31%。小麦平均单产低于全国平均水平。全区可分为燕（山）太（行）山麓平原、晋冀山地盆地和黄土高原沟壑三个副区。

（7）黄淮冬麦区

黄淮冬麦区包括山东省全部，河南省大部（信阳地区除外），河北省中南部，江苏及安徽两省淮北地区，陕西省关中平原地区，山西省西南部以及甘肃省天水地区。全区麦田面积及总产量分别占全国麦田面积和总产量的 45% 及 48% 左右，全区小麦种植面积约为全区粮食作物种植面积的 44%，是我国小麦主要产区。依照气候、地形等条件，全区可分为黄淮平原、汾渭河谷和胶东丘陵三个副区。

（8）长江中下游冬麦区

长江中下游冬麦区北抵淮河，西至湖北西部山地、湖南西部丘陵区，东至东海海滨，南至南岭，包括江苏、安徽、湖北、湖南各省大部，上海市与浙江、江西两省全部以及河南省信阳地区。全区可分为江淮平原、沿江滨湖、浙江—安徽南部山地和湖南—江西丘陵等 4 个副区。

（9）西南冬麦区

西南冬麦区包括贵州省全境，四川省、云南省大部，陕西省南部，甘肃省东南部以及湖北、湖南两省西部。全区小麦种植面积约占全国麦田总面积的 12.6%，总产量约为全国的 12.2%。其中四川盆地为主产区，小麦种植面积和总产量分别约占全区的 53.6% 及 63.0%。

西南冬麦区地形复杂，山地、高原、丘陵和盆地均有，海拔 300~2000m。全区气候温和，水热条件较好，但光照不足。最冷月平均气温为 2.6~6.2℃，绝对最低气温为 -11.7~5.2℃，其中四川盆地最冷月平均气温为 5.2~7.5℃，绝对最低气温为 -5.9~1.7℃。雨量除甘肃省东南部偏少外，其余地区年降水量为 772~1510mm，小麦生育期降水量为 279~565mm。土壤类型主要有红壤、黄壤两种，湖北西部、湖南西部及四川盆地以黄壤为主，红壤主要分布在云贵高原。种植制度多数地区为稻麦两熟的一年两熟制。小麦品种多为春性或弱冬性，对光照反应不敏感，生育期180～200天。全区条锈病、白粉病危害较重，间有赤霉病发生。虫害则以蚜虫为主。存在湿害、低温冷害和后期高温逼近等自然灾害。平川麦区播种适期为10月下旬至11月上旬，成熟期在5月上中旬。丘陵山地播种期略早而成熟期稍晚。全区除应加强对湿害和病虫害的防治外，平川稻麦两熟区应改进播种方法，丘陵干旱地区应加强水土保持和农田建设，增施肥料以培肥地力等，这些都是小麦增产的关键措施。

本次收集主要集中在四川省和重庆市，由于四川省气候地形复杂多变，采集地点覆盖了四川省3个自治州以及18个地级市的山区、丘陵地区、平原地区。

（10）华南冬麦区

华南冬麦区包括福建、广东、广西和台湾四省（区）全部以及云南省南部。小麦种植面积约为全国麦田总面积的2.1%（缺台湾省数据，下同），总产量约为全国的1.1%。小麦在本区不是主要作物，种植面积只占粮食作物面积的5.0%左右，且历年面积很不稳定。全区可分为山地丘陵和沿海平原两个副区。

2. 收集的四川小麦种质资源的分布情况

本次资源收集覆盖了四川18个地级市和3个自治州，同时在重庆市也收集了一些小麦种质资源，总共涉及106个县或县级市，属于西南冬麦区。如表5-1所示，根据可查阅的地理数据，本次收集资源最多的市（州）是甘孜州，共采集了18份小麦资源；从成都市、阿坝州收集的小麦资源数量位于第二、第三，分别采集了12份、11份；最少的为自贡市和遂宁市，各自只采集了1份小麦种质资源。在成都市收集的50份种质资源中由各大教学科研机构提供的材料较多，其中包含了一些具有特殊性状的资源，如大穗材料、多穗材料等。

表 5-1　收集的四川小麦种质资源的地理分布及其统计情况

市（州）	种质资源份数	市（州）	种质资源份数	市（州）	种质资源份数
甘孜州	18	凉山州	7	泸州市	4
成都市	12	乐山市	7	内江市	4
阿坝州	11	攀枝花市	6	眉山市	3
重庆市	10	宜宾市	6	资阳市	2
广元市	10	雅安市	6	遂宁市	1
巴中市	8	达州市	5	自贡市	1
绵阳市	8	德阳市	5	合计	147
南充市	8	广安市	5		

本次种质资源普查主要集中在甘孜州、阿坝州、凉山州以及一些偏远交通不发达地区，主要目的是从中收集一些古老的农家自留种；在平原、丘陵等交通相对较为发达的地区，大多数品种为现代育成品种，其同质性较大，在考察之后，我们没有对其进行取样。实际上最终采集资源的地理分布结果显示，在3个自治州及偏远山区，收集到农家种、地方品种、老品种的可能性更大。

（二）小麦种质资源的类型

小麦种质资源是指可向小麦传递种质的植物材料，包括小麦属各个种及其亲缘属的植物：有野生的和栽培的；有古老地方品种、育成品种和引入品种，也有具特殊优良性状的品系、突变体、雄性不育材料以及非整倍体等。可以将小麦的不同种质资源分为以下几种类型。

按性状和功能的不同可分为：传统地理种质资源、原始栽培种质资源、古代品种、当代良种。

按播种季节的不同可分为：当年秋季播种，翌年夏季收获的冬小麦；当年春季播种，秋季收获的春小麦。

按皮色和粒质的不同可分为：种皮为白色、乳白色或黄白色的麦粒达 70% 以上，硬质率达 50% 以上的白色硬质小麦；种皮为白色、乳白色或黄白色的麦粒达 79% 以上，软质率达 50% 以上的白色软质小麦；种皮为深红色或红褐色的麦粒达 70% 以上，硬质率达 50% 以上的红色硬质小麦；种皮为深红色或红褐色的麦粒达 70% 以上，软质率达 50% 以上的红色软质小麦；种皮为红、白色小麦互混，硬质率达 50% 以上的混合硬质小麦；种皮为红、白色小麦互混，软质率达 50% 以上的混合软质小麦。

二、大麦种质资源的分布和类型

（一）大麦种质资源的分布

1. 我国大麦种质资源的分布

我国各地区都有大麦分布，在海拔 4750m 的高寒地区也有栽培。我国大麦的变种类型有 200 多种，在青藏高原发现的半野生大麦等，不仅是研究大麦起源和进化的活化石，也是大麦遗传研究和育种的珍贵原始材料。早熟性是我国大麦品种的突出特点之一，在无霜期仅有 49 天或无绝对无霜期的高寒地区种植青稞也能成熟，表现出耐低温能力强。具体产区列述如下。

（1）北方春大麦区

北方春大麦区包括东北平原，内蒙古高原，宁夏、新疆全部，山西、河北、陕西三省北部，甘肃景泰和河西走廊地区，属于一年一熟春大麦区。该区在大麦生长季节日照长，昼夜温差大，该区生产的啤用大麦籽粒色泽光亮，皮薄色浅，发芽率高，北方春大麦区是我国优质啤用大麦生产潜力较大的基地。

（2）青藏高原裸大麦区

青藏高原裸大麦区包括青海、西藏全部，四川甘孜州、阿坝州，甘肃甘南藏族自治州，云南迪庆藏族自治州，大麦种植在海拔 3000m 以上的地区，这些地区为高原气候，昼夜温差大，无霜期短，以多棱裸大麦为主。

（3）黄淮以南秋播大麦区

黄淮以南秋播大麦区包括山东，甘肃的东部和南部，山西、河北、陕西三省南部，四川盆地，云贵高原及黄淮以南其他省份共 6 个生态亚区，是我国大麦的主要产区，而其中长江流域、四川盆地大麦种植面积占全国面积的一半，是主要产区之一。

2. 收集的四川大麦种质资源的分布情况

根据可查阅的数据，本次收集的大麦种质资源位于青藏高原裸大麦区，涉及甘孜州、阿坝州和凉山州等三州以及成都市、广元市、绵阳市、攀枝花市、南充市、巴中市、泸州市、遂宁市、宜宾市、达州市、德阳市、资阳市等 12 个地级市，其中甘孜州、阿坝州共计收集大麦种质资源 139 份，占比约为 71.65%（表 5-2）。此外，本次四川大麦种质资源的收集共涉及 60 个县级市、区，主要分布如下，其中甘孜州 17 个县、阿坝州 14 个县、绵阳市5 个县、成都市 4 个县，广元市 3 个县、凉山州 3 个县，巴中市、泸州市、南充市、攀枝花市及遂宁市各 2 个县，达州市、德阳市、宜宾市及资阳市各 1 个县。

表 5-2　收集的四川大麦种质资源的地理分布及其统计情况

市（州）	种质资源份数	占比/%	市（州）	种质资源份数	占比/%
甘孜州	85	43.81	宜宾市	2	1.03
阿坝州	54	27.84	泸州市	2	1.03
成都市	15	7.73	遂宁市	2	1.03
凉山州	7	3.61	重庆市	1	0.52
广元市	6	3.09	达州市	1	0.52
绵阳市	6	3.09	德阳市	1	0.52
攀枝花市	6	3.09	资阳市	1	0.52
南充市	3	1.55			
巴中市	2	1.03	合计	194	100.00

（二）大麦种质资源的类型

按性状和亲缘关系将大麦属（*Hordeum*）植物划分为不同的类群，并依其演化序列排列成系统。该属植物有 30 余种，分布于温带、暖温带和亚热带的高山地区。

1987 年郭本兆按照生长习性（一年生或多年生），球茎的有无，颖的形态，芒的长短和形状，三联小穗柄的有无和育性以及籽粒的皮裸等特征、特性，将原产于我国和引入我国的大麦分为 11 个种、6 个变种。其中栽培大麦有两个种，即栽培二棱大麦和普通大麦，它们都是一年生的二倍体种，染色体数 $2n=2x=14$；其余 9 个种均是野生、半野生大麦，多年生或一年生，染色体数 $2n=14$、28，因不同的种而异，有些种如球茎大麦有二倍体种和四倍体种。

截至 20 世纪 80 年代初，我国共收集到大麦种质资源约 1.3 万份。来源最多的是西藏自治区，其次为江苏、浙江、河南、山东、陕西、青海、甘肃、云南等省。根据已编入中国大麦品种目录（国内部分）的 5200 份资源分析，其中裸大麦 2616 份、皮大麦 2521 份、一年生半野生大麦 63 份。从地区划分，以西藏的品种资源最多，达 1044 份，占全国的1/5，其次是浙江 706 份、江苏 628 份、河南 378 份、山东 303 份、陕西 272 份、青海 274份、云南 222 份等。

三、燕麦种质资源的分布和类型

（一）燕麦种质资源的分布

1. 我国燕麦种质资源的分布

我国燕麦生产省（区）有内蒙古、河北、山西、甘肃、陕西、宁夏、云南、四川、贵州、青海、新疆、黑龙江、辽宁、吉林、西藏，共有 210 个县（旗）种植。但是我国各地区燕麦单产差异较大，云南、贵州、四川偏低，约为 0.05t/亩；其他地区为 0.07～0.13t/亩；青海以种植皮燕麦为主，达 0.13～0.27t/亩。由于地区间的气候条件、土壤条件和农业条件都相差较大，因此，我国燕麦经过长期的自然选择和人工选择形成了比较丰富的种质资源和差异显著的生态类型，不同的生态区有与之相适应的品种类型，可以分为以下 6 个生态类型。

（1）华北早熟生态型

这一生态类型的品种生育期 90 天左右，春季（4 月初前后）播种，夏季（7 月中下旬）收获。幼苗直立或半直立，分蘖力中等，植株较矮，小穗和小花较少，千粒重 16～20g。较抗寒、抗旱、抗倒伏。早熟和中晚熟品种较多。

（2）北方丘陵山区旱地早熟生态型

这一生态类型与华北早熟生态型有较多性状相似，主要区别是生育期短（75～85 天），植株更矮，籽粒灌浆速度快，千粒重 20g 左右。

（3）北方丘陵旱地中、晚熟生态型

该生态型品种生育期较长（95～110 天），夏季（5 月中下旬）播种，秋季（8 月底至9 月上旬）收获。幼苗多为半匍匐或匍匐，生长发育缓慢，分蘖力强。进入雨季（7 月）植株迅速拔节，发育较快，植株高大，茎秆软，叶片狭长下垂。籽粒较大，千粒重 22～25g。中晚熟和晚熟品种居多。

（4）北方滩川地中熟生态型

这一生态类型品种的生育期为 85～95 天，一般夏初（5 月上中旬）播种，秋季（8 月）收获。植株高大，茎秆坚韧，抗倒伏。

（5）西南平坝生态区

这一生态类型品种主要分布在我国西南地区的高原平坝，生育期 200～220 天，秋季（10 月中下旬）播种，翌年夏季（5 月下旬至 6 月上旬）收获。幼苗生长发育缓慢，匍匐期较西南高山生态型稍短，抗寒性较强。叶片宽大，植株高大，茎秆较硬。籽粒灌浆期略长，千粒重 17g 左右。

（6）西南高山生态型

这一生态类型主要分布在我国西南地区海拔 2000～3000m 的高山地带。生育期220～240 天，秋季（10 月中下旬）播种，翌年夏季（6 月中旬至 7 月初）收获。幼苗匍匐期很长，分蘖力很强，叶片细长，抗寒性强。植株高大，茎秆软，不抗倒伏。籽粒较小，千粒重 15g 左右，有些品种不足 12g。

2. 收集的四川燕麦种质资源的分布情况

本次收集的燕麦种质资源位于西南平坝生态型、西南高山生态型区域，涉及四川省凉山州、甘孜州、阿坝州等三州（西南高山生态型区域）以及巴中市、广元市、达州市、泸州市、绵阳市、攀枝花市、宜宾市，收集数量如表5-3所示。其中三州收集到的资源数量分别为凉山州20份、阿坝州13份、甘孜州8份，约占总数的74.55%；涉及30个县（市、区），其中凉山州9个县，阿坝州5个县、甘孜州7个县、巴中市2个县、广元市2个县，其他市（州）均只有1个县。

表5-3 收集的燕麦种质资源的地理分布及其统计情况

市（州）	种质资源份数	占比/%	市（州）	种质资源份数	占比/%
凉山州	20	36.36	攀枝花市	2	3.64
阿坝州	13	23.64	达州市	1	1.82
甘孜州	8	14.55	泸州市	1	1.82
巴中市	4	7.27	宜宾市	1	1.82
广元市	2	3.64	重庆市	1	1.82
绵阳市	2	3.64	合计	55	100.00

（二）燕麦种质资源的类型

全世界大约有30个燕麦属的物种，包括5个栽培种、25个野生种。中国现在有27个燕麦物种，根据种型不同分为栽培种和野生种，根据染色体倍性水平不同分为二倍体、四倍体和六倍体，根据皮裸性不同分为皮燕麦和裸燕麦，按来源划分为国内品种和国外品种，如表5-4所示。

表5-4 燕麦的物种多样性

物种	拉丁学名	种型	染色体倍性	皮裸性	来源
埃塞俄比亚燕麦	*Avena abyssinica*	栽培种	四倍体	带皮	国外
普通野燕麦	*A. fatua*	野生种	六倍体	带皮	国内
野红燕麦	*A. sterilis*	野生种	六倍体	带皮	国外
大燕麦	*A. magna*	野生种	四倍体	带皮	国外
细燕麦	*A. barbata*	野生种	四倍体	带皮	国外
小粒裸燕麦	*A. nudabrevis*	野生种	二倍体	裸粒	国外
短燕麦	*A. brivis*	野生种	二倍体	带皮	国外
西班牙燕麦	*A. hispanica*	野生种	二倍体	带皮	国外
异颖燕麦	*A. pilosa*	野生种	二倍体	带皮	国内
匍匐燕麦	*A. prostrata*	野生种	二倍体	带皮	国外
阿加迪尔燕麦	*A. agadiriana*	野生种	四倍体	带皮	国外
大西洋燕麦	*A. atlantica*	野生种	二倍体	带皮	国外
加拿大燕麦	*A. canariensis*	野生种	二倍体	带皮	国外

续表

物种	拉丁学名	种型	染色体倍性	皮裸性	来源
不完全燕麦	*A. clauda*	野生种	二倍体	带皮	国外
大马士革草燕麦	*A. damascene*	野生种	二倍体	带皮	国外
绵毛燕麦	*A. eriantha*	野生种	二倍体	带皮	国外
小硬毛燕麦	*A. hirtula*	野生种	二倍体	带皮	国外
长颖燕麦	*A. longiglumis*	野生种	二倍体	带皮	国外
卢斯塔尼燕麦	*A. lusitanica*	野生种	二倍体	带皮	国外
大穗燕麦	*A. macrostachya*	多年生野生种	四倍体	带皮	国外
马罗卡燕麦	*A. macroccana*	野生种	四倍体	带皮	国外
墨菲燕麦	*A. murphyi*	野生种	四倍体	带皮	国外
西方燕麦	*A. occidenadalis*	野生种	四倍体	带皮	国外
瓦维洛夫燕麦	*A. vaviloviana*	野生种	四倍体	带皮	国外
偏凸燕麦	*A. ventricosa*	野生种	二倍体	带皮	国外
威氏燕麦	*A. wiestii*	野生种	二倍体	带皮	国外
普通栽培燕麦	*A. sativa*	栽培种	六倍体	带皮	国内
地中海燕麦	*A. byzantina*	栽培种	六倍体	带皮	国外
砂燕麦	*A. strigosa*	栽培种	二倍体	带皮	国外
大粒裸燕麦（莜麦）	*A. nuda*	栽培种/变种	六倍体	裸粒	国内

第三节　麦类作物种质资源多样性变化

一、小麦种质资源多样性变化

小麦育种成就在很大程度上取决于小麦种质资源的遗传多样性和研究深度。我国从20世纪30年代开始关注此项工作，而大规模的收集、保存和研究是从50年代开始的，至80年代中期，保存我国地方品种和育成品种共1.9万余份，从其他国家引入的品种近1万份，合计约3万份。

我国小麦品种和世界上大多数国家的品种相比，具有三大特点：①早熟。北方冬性品种一般比苏联、英国、法国品种早熟5～10天，比美国品种早熟3～7天。地方品种中著名的早熟品种有江东门、蚰子麦、临浦早等，是小麦早熟育种的材料。由江东门衍生的早熟丰产品种约有50个，如骊英3号、华东6号等。②多花多实。圆颖多花和拟密穗类的品种即具有这个特点，如平原50、成都光头、蚂蚱麦等，每个小穗结实5粒左右，最多可结实8粒。我国利用这些品种已选育出一批推广品种，用蚂蚱麦系选或杂交，育成了碧蚂1号、碧蚂4号、泾阳302等。③抗逆性强。我国小麦品种具有一些特殊的适应性：抗寒力强的秃穗老麦、五常冬麦等；抗旱且抗风沙的玉兰麦等；耐湿性强的白玉花、水里站、水涝麦等；抗盐碱力强的抗碱麦、茶淀红麦、德选1号、沧州红等；耐酸性土壤的南昌条身子和进贤泡子麦等；抗赤霉病的苏麦3号、蜈蚣麦、溧阳望水白等。

本次普查发现在四川收集的小麦种质资源中，意外收集到四倍体小麦甲着，该四倍体不同于普通硬粒小麦，其为软质，同时不同地点收集的甲着小麦在表型上有差异，具有广阔的遗传基础。我们对收集的种质资源株高、穗长、穗粒数、粒重、穗型、蜡质、抽穗期、开花期、成熟期、芒、冬春性、颖壳颜色、籽粒颜色与质地、抗病性等进行了调查，部分农艺性状统计结果如表5-5所示。

表 5-5　收集的种质资源性状多样性情况

性状	最小值	最大值	平均值	标准差	变异系数
株高/cm	60.0	161.7	115.2	22.4	19.4%
穗长/cm	6.0	11.8	8.3	1.3	15.5%
抽穗期/天	126.0	176.0	139.9	14.8	10.5%
开花期/天	132.0	184.0	147.9	15.9	10.8%
成熟期/天	173.0	228.0	189.7	15.7	8.3%
小穗数/(个/穗)	14.7	21.0	16.2	1.5	9.1%
小穗粒数/粒	1.6	3.7	2.8	0.4	14.2%
穗粒数/粒	28.2	60.8	45.9	7.8	17.0%
千粒重/g	31.9	60.2	43.9	7.4	16.9%

1. 矮秆种质资源

世界著名小麦矮秆资源有中国的大拇指矮（*Rht3*）、日本的农林10号（*Rht1/Rht2*）、津巴布韦的奥尔森矮麦、美国的太平洋三矮麦等，这些是小麦矮化育种的基础材料。在本次种质资源收集过程中，多数样本的株高70～110cm，株高60～70cm的相对较少，根据分子标记检测60～90cm的样本多数含有*Rht1/Rht2*，利用*Xgwm261*的192bp条带对90～120cm的样本进行*Rht8*基因检测，一些地方品种含有*Rht8*基因，其他不含有*Rht8*的材料可能含有其他矮秆基因，具有一定的育种价值。

2. 抗锈病种质资源

世界上著名的抗锈病品种牛朱特（Neuzucht）是1B/1R易位系，具有很强的抗锈病能力，由牛朱特衍生而来的洛夫林（Lovrin）系统、高加索、山前麦2号等抗锈病良种的抗性都来自黑麦。法国的VPM系统（由偏凸山羊草、波斯小麦和普通小麦Marne杂交育成）和VPM/Moisson系统等的条锈病抗性来自山羊草。许多国家采用这些品种作为亲本，选育出大批的优良品种。例如，中国以洛夫林10号为抗源，分别与有芒白4号、有芒红7号杂交，选育出丰抗号小麦，兼抗条锈病和叶锈病。

本次我们收集的资源大多数来自西南麦区，为农家的自留种，在留种过程中伴随着农民的自主选择，其保留了一定的条锈病抗性，我们将其种植在成都郫都区条锈病病圃中，高条锈病选择压力下仍有一些高抗品种（如宜章红壳麦），不少品种表现为中抗，为四川条锈病育种提供了一些抗病基因。

3. 抗白粉病种质资源

提莫菲维小麦和波斯小麦对白粉病免疫，许多国家把它们作为白粉病抗源。由提莫菲维小麦衍生的TP系统和TPR系统以及CI12632、CI12633等，在苗期和成株期均抗病，且抗病性强而稳定。二粒小麦、黑麦、小黑麦、簇毛麦也具有抗白粉病基因，从而被用作抗白粉病的供体。但这些染色体片段要通过细胞学的方法转育到普通小麦中才能应用。我们将本次收集的种质资源种植在四川省农业科学院作物研究所网室进行自然发病，在地方品种中我们发现了一些高抗白粉病的资源，如收集自广元市的红小麦，同时具有高抗白粉病和条锈病的特性。

4. 抗赤霉病种质资源

目前抗赤霉病种质资源较少，如苏麦 3 号、蜈蚣麦、溧阳望水白、部分扬麦资源等，在外源染色体中，如长穗偃麦草（*Fhb7*）、人工合成小麦也具有一些抗性位点。本次收集到的资源中，未发现高抗赤霉病的种质资源，少数材料表现为中抗，根据笔者观察，其抗性可能不是真正的赤霉病抗性，可能是由成熟期晚导致的机械抗性，但通过田间接种也发现了一些中抗赤霉病的资源，如收集自四川省农业科学院作物研究所小麦品种资源课题组的人工合成小麦材料圆网/节 18，对赤霉病表现为中抗。

5. 大粒种质资源

普通小麦的大粒种质资源（千粒重 60g 以上）有中国的金沙江 1 号、金沙江 2 号、金沙江 3 号、金沙江 4 号、邯大 35 等。东方小麦和波兰小麦籽粒大，千粒重可达 70g。硬粒小麦和圆锥小麦的一些品种的千粒重也可达 70g，如苏联硬粒小麦品种施比卡（Шбика）、圆锥小麦乌兹别克（Узбекская）等。

本次收集的小麦种质资源千粒重超过 60g 的不多，其中采集自中江县本地白麦子的种质资源千粒重 60.2g，但其穗粒数 36 粒，不是最好的大穗资源。综合考察发现，收集自甘孜州丹巴县、采集编号为 2021513077 的小麦资源，其穗粒数 78 粒，千粒重 56.5g，属于大穗品种资源，其穗长 14cm，株高 80~90cm，编者认为其可能来源于某自然杂交组合或者变异株经过农家多年的选择获得。

6. 品质优异种质资源

以往强调品质时常常与籽粒蛋白质含量高联系在一起，中国的红秃头（山西阳城）、笨麦（山西临汾）、格咱麦（云南中甸）、中作 8131-1、京 771 等品种的籽粒蛋白质含量达17%~19%。野生一粒小麦、栽培一粒小麦、野生二粒小麦、栽培二粒小麦的籽粒蛋白质含量可高达 30%。

为了切合我国百姓大宗面食、酿酒制山等需求，本次收集的种质资源多数为粉质，角质以及强筋小麦极少，这是农户经过多年自留选择的品种，符合我国人民的实际需求，其中含有丰富的可挖掘的优质基因。

二、大麦种质资源多样性变化

中国大麦种质资源经过"七五""八五"期间收集整理，编入中国大麦品种目录的共16 251 份，其中，改良品种 1035 份、国外引入品种 6351 份、地方品种 8865 份。大麦分布广，种类多，变异类型繁多，在不同的生态环境中，形成了各自的独特生长习性。它们在株高、分蘖数、熟性、生育期等方面有明显优势。

1. 早熟种质资源

在大麦野生资源中，存在丰富的早熟资源。"七五"和"八五"期间，我国对 9801 份国内资源进行了鉴定，发现我国大麦早熟资源较为丰富，鉴定品种中早熟资源占 30.8%，中熟类型占 51.2%，晚熟类型占 16.8%，极晚熟类型占 1.10%；而对 6336 份国外资源的鉴定显示，早熟类型仅占 19.6%，中熟类型占 50.4%，晚熟类型占 28.06%，极晚熟类型占 1.94%。本次普查活动收集的大麦春性居多，生育期 150～180 天，早熟品种较少。

2. 矮秆种质资源

相关资料显示：国内品种株高在 70cm 以下的矮秆种质分布频率为 3.4%。长江流域各省（自治区、直辖市）品种株高普遍较高，其次是青藏高原，而北方春大麦区的内蒙古、新疆、黑龙江、山西等省（区）的品种株高普遍偏低。本次收集的材料中 70cm 以下的材料有 2 个，多数株高 90～110cm。

3. 大粒种质资源

研究显示低纬度、低海拔的平原或丘陵地区千粒重普遍偏低，如河南 28.4g、湖南 26.7g、浙江 33.3g。福建、浙江、上海等地以二棱类型为主的改良品种的增加，使本地区千粒重有所增加；高海拔、高纬度、昼夜温差大的地区大麦千粒重明显偏高，如内蒙古、青藏高原，千粒重分别为 39.1g、39.5g，吉林、黑龙江平均为 40g。本次收集的种质资源中大粒资源相对较少，基本低于 40g，可能是将其种植在成都平原所致。

4. 品质优异种质资源

对我国大麦品种资源的研究发现，大麦蛋白质含量与产地的气象条件和地理位置有关，与降水量呈负相关，而与灌浆期的日照长度和气温呈正相关，其生态分布特点是：除黄淮麦区外的冬大麦的蛋白质含量平均为 13.42%，裸大麦区最低（11.76%），黄淮麦区较高（15.7%），同时，我国大麦蛋白质含量高低分界线是秦岭—淮河，此线以南的大麦蛋白质含量较低，以北较高；高海拔地区大麦蛋白质含量较低。

本次我们对收集的 142 份来源较为清晰的种质资源材料进行繁种，未对其蛋白质含量进行检测，但其籽粒包括白、黄、红、褐、紫、黑等多种颜色，根据可查阅的调查数据，其中白粒大麦种质资源 70 份、黄粒大麦种质资源 8 份、红粒大麦种质资源 4 份、褐粒大麦种质资源 2 份、紫粒大麦种质资源 10 份、黑粒大麦种质资源 46 份，这些彩色大麦材料具有一定的花青素含量，亦可以认为其具有优异的品质。

5. 抗病种质资源

我国"七五""八五"期间共鉴定了来自西藏等 23 个省（自治区、直辖市）和苏联、美国等 18 个国家和地区的 8166 份品种，结果显示，赤霉病穗发病率小于 5% 的抗病品种只有 23 份，占鉴定品种的 0.28%，其中国内品种 19 份，抗病品种中二棱类型占 87%，主要分布在我国赤霉病高发区如湖北、江苏和浙江，占 79%；国内抗源以地方品种为主，如上虞红二棱、义乌二棱大麦、永康二棱大麦等，它们具有抗赤霉病的优良性状，有的品种还有多粒、大粒等特点，有利于育种。在西南地区，大麦的主要病害是黑穗病、条锈病，在本次收集到的地方品种中，我们在郫都区进行繁种，多数表现为抗条锈病。

三、燕麦种质资源多样性变化

我国燕麦品种资源的收集、整理工作始于 20 世纪 50 年代末。70 年代末 80 年代初，开展全国作物品种资源补充征集，同时开展了燕麦种质资源收集、考察、鉴定、编目、入库工作，1980～1996 年，先后编辑出版了两册燕麦品种资源目录，共计编入目录的资源 2978 份，其中裸燕麦 1699 份（国内 1663 份、国外 36 份），皮燕麦 1278 份（国内 309 份、国外 969 份），野燕麦 1 份，并建立了国家级种质库和省级种质库两级保存制度。我国燕麦种质资源类型丰富，与世界燕麦主产国比较，我国燕麦种质资源的特点如下：一是裸燕麦资源多；二是极早熟及早熟品种资源多；三是多花多粒品种资源多；四是抗旱、抗寒、抗倒、耐瘠等抗逆性强的品种资源多。四川燕麦种植面积不断减少，本次普查共征集收集燕麦资源 55 份，相关农艺性状的遗传多样性变化如下。

1. 植株高度

编入全国燕麦目录的品种株高一般为 100～120cm，最矮的仅 23.4cm，最高的达 175cm，最高与最矮相差 6 倍多。据统计，在 1273 份裸燕麦地方品种中株高最小值仅 23.4cm，最大值 151.5cm，平均 106.4cm，标准差 14.13cm（刘旭等，2009）。本次普查活动收集的燕麦种质资源较少，株高 98.3～120.5cm，平均 110.2cm，标准差 9.2cm。

2. 穗部性状

穗型、稃壳颜色、芒性和芒形都有较大差异。穗型分为周散型和侧散型两大类。周散型又可分为周松散型和周紧密型，侧散型分为侧松散型和侧紧密型。稃壳颜色有白、黄、褐、红、紫、黑等，其中黄色和白色占多数。芒性分为无芒和有芒。芒形有短芒和长芒、曲芒和直芒、粗芒和细芒之分。本次收集的种质资源基本为长芒资源，稃壳颜色为白色和黄色，穗型为周散型。

3. 籽粒性状

燕麦籽粒形状有纺锤形、椭圆形、长圆形、长筒形和卵形，其中以纺锤形为多数（约占 50%），其次是椭圆形（占 20% 左右）。籽粒颜色分为白色、黄色、褐色、红色、黑色。在裸燕麦地方品种中，黄色籽粒占 75.0% 以上。籽粒的大小一般以千粒重来表示，低者不到 10g，高者可达 40g 以上，相差 30g。本次收集的种质资源的千粒重最小值 10.70g，最大值 26.20g，平均值 15.40g，标准差 4.35g。

4. 其他农艺性状

中国普通栽培燕麦在成熟期、生育期、产量性状等方面的遗传变异明显。各地的品种均有特早熟、早熟、中熟、晚熟和特晚熟 5 类。生育期长短相差悬殊，北方最早熟品种生育期仅 70 天左右，而最晚熟的为 120 天，两者相差 50 天。本次收集到的燕麦资源来自西南地区，生育期 210～240 天，产量性状的差异较小，千粒重 10～27g。

第四节　麦类作物优异种质资源发掘

一、麦类作物优异种质资源

1. 巴塘四倍体小麦甲着（P513335037）

【作物及类型】小麦，四倍体小麦，地方品种。

【来源地】甘孜州巴塘县。

【种植历史】100 年以上。

【种植方式】两熟地区净作、撒播或条播。

【农户认知】抗旱、品质好、营养价值高，面粉亮黄色，做馍馍颜色好、口感好，比当地其他小麦面粉品质好、更好吃，深受藏民喜爱。

【资源描述】"甲着"源自藏文，"甲"意为"一百"，"着"意为"小麦"，因每穗有100 粒左右而得名，粒数多于普通小麦，种植历史悠久，营养丰富。小麦多是六倍体，而"甲着"是近几十年来收集到的唯一一份四倍体小麦地方品种（图5-2）。国际科学家为了获得软质四倍体小麦，专门利用现代生物工程技术将 5D 染色体短臂上控制软质基因的染色体片段易位到 5B 染色体短臂，才获得了出粉率高的软质四倍体小麦，"甲着"是由当地饮食习惯需求长期驯化而来的四川本地四倍体地方品种，十分珍贵，具有重要的开发前景。"甲着"黄酮含量是一般小麦的 2～3 倍，富含类胡萝卜素，特别是叶黄素含量显著高于其他四倍体小麦，适合在高海拔地区种植，曾是当地群众的主要口粮，但由于种植该品种的农民集体易地搬迁，已没有农户种植，逐渐濒临绝种。

图 5-2　巴塘四倍体小麦甲着

A 和 B：籽粒；C 和 D：穗部；E：田间情况

2. 红小麦（P510812005）

【作物及类型】小麦，地方品种。

【来源地】广元市朝天区。

【种植历史】20 年以上。

【种植方式】撒播。

【农户认知】优质、抗病、耐贫瘠。

【资源描述】2018 年，相关工作人员从广元市朝天区征集到一份小麦种质资源，资源名称为红小麦。经田间条锈病和白粉病抗性鉴定，该资源表现出生育期高抗条锈病和白粉病。经细胞学鉴定，发现该资源为 3AS-3BL、3BS-3AL 的易位系（图 5-3）。

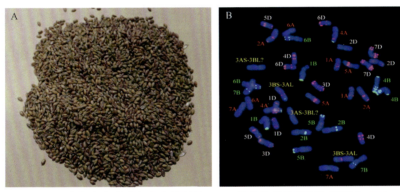

图 5-3　小麦地方品种红小麦的籽粒（A）及其染色体的细胞学鉴定（B）

二、麦类作物种质资源保护与利用

为了进一步观察甲着小麦的特性，团队把它移植到广汉市和郫都区进行性状调查，发现在两地种植的甲着小麦为少有的全粉质的软质四倍体地方品种，具有极其重要的利用价值。为了保护资源，团队及时联系巴塘县农牧农村和科技局，得知由于种植该品种的农民集体易地搬迁，种植广极少，已经濒临绝种。

甲着小麦入选 2022 年全国十大优异农作物种质资源。为抢救性保护该品种，四川省农业科学院与巴塘县农牧农村和科技局合作，在巴塘原产地建立"甲着"繁殖保护和加工基地。2020～2021 年，在四川省农业农村厅、四川省农业科学院的资金和技术支持下，巴塘县农牧农村和科技局在巴塘建立了 15 亩"甲着"种质资源保护圃。

2023 年 10 月，四川省农业科学院、甘孜州农业科学研究所、四川甲着农业科技有限公司合作成立巴塘四倍体"甲着"小麦甘孜州专家工作站。

第六章

四川油菜种质资源多样性及其利用

第一节　油菜种质资源基本情况

油菜是由十字花科（Cruciferae）芸薹属（*Brassica*）植物的若干物种组成，是以取籽榨油为主要种植目的的一年生或越年生草本植物的统称。油菜基因库共有4级：一级基因库主要包含国内外育成的甘蓝型、白菜型和芥菜型油菜品种（系）和亲本；二级基因库主要包含白菜型油菜、甘蓝、芥菜型油菜、芜菁甘蓝等油用和蔬用地方种；三级基因库包括白菜型油菜、甘蓝、芥菜型油菜野生种和埃塞俄比亚芥、黑芥和萝卜等野生或近缘种；四级基因库主要包含芸薹属以外具有各种潜在重要利用价值的十字花科植物资源（图6-1）。

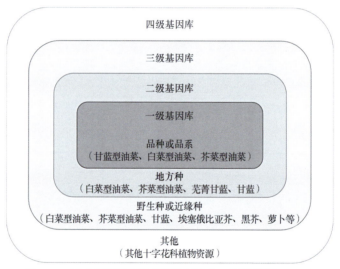

图6-1　中国油菜四级基因资源库构成（李利霞等，2020）

芸薹属油菜有6个主要栽培种，包括白菜型油菜（*Brassica campestris*，2*n*=20，AA）、甘蓝（*Brassica oleracea*，2*n*=18，CC）和黑芥（*Brassica nigra*，2*n*=16，BB）三个二倍体基本种以及甘蓝型油菜（*Brassica napus*，2*n*=38，AACC）、芥菜型油菜（*Brassica juncea*，2*n*=36，AABB）和埃塞俄比亚芥（*Brassica carinata*，2*n*=34，BBCC）三个四倍体复合种。著名的"禹氏三角（U's triangle）"系统阐述了这6个栽培种间的关系：白菜、甘蓝和黑芥为三个基本种，它们通过相互杂交和自然加倍形成了三个异源四倍体复合种。白菜型油菜可能是最早被驯化的二倍体物种，有学者认为中亚、阿富汗和印度次大陆西北部的毗邻地区是其起源的独立中心之一，我国为独立于欧洲之外的芸薹原产地或白菜型油菜起源中心。甘蓝是芸薹属植物中变异类型最为丰富的栽培种；黑芥与其祖先种差异不大，被认为起源于欧洲中部和南部；芥菜于 8000～14 000 年前在西亚（中东）地区起源，由西向东沿三条独立路径传播扩张，通过基因突变和渐渗杂交演化出不同的类型（Kang et al.，2021）；也有学者认为，在我国西北地区，存在芥菜的两个原始亲本种——野生类型的黑芥和芸薹，同时也有野生芥菜分布，所以中国是芥菜的原生起源中心或起源中心之一。在全国范围内，四川盆地的芥菜分布最广，栽培面积最大，变种和品种数量最多，但在盆地内既未发现野生类型的黑芥，也未发现野生芥菜，因此认为四川盆地是芥菜的次生起源中心（王建林，2009）。甘蓝型油菜被认为是由 6800～12 500 年前两种二倍体物种白菜（AA=20）和甘蓝（CC=18）杂交形成的。由于自然界中没有（至少到目前为止还没有发现）甘蓝型油菜的野生种质资源，其起源和进化的研究一直是一大难题。Lu 等（2019）和 An 等（2019）首次揭示了甘蓝型油菜 A 亚基因组可能起源于白菜亚种欧洲芜菁的祖先，C 亚基因组可能来源于 4 种现代甘蓝未分化前的祖先，这两个祖先种在近 1000 年内有大量基因渗入油菜，其形成初期为油用冬油菜。

我国油菜资源收集共有三次大的行动，收集的大多数资源先后收录在 1977 年出版的《中国油菜品种资源目录》、1993 年出版的《中国油菜品种资源目录（续编一）》、1977 年出版的《中国油菜品种资源目录（续编二）》和 2018 年出版的《中国油菜品种资源目录（续编三）》中。《中国油菜品种资源目录（续编三）》中收录了包括中国 16 个省（自治区、直辖市）在内的 1018 份材料和国外 17 个国家与地区的 182 份材料，其中白菜型油菜 446 份、芥菜型油菜 188 份、甘蓝型油菜 510 份和其他类型油菜 56 份。截至 2019 年 10 月，我国已收集保存来自全球 62 个国家（地区）11 个属 28 个种的资源 9681 份，包括甘蓝型油菜 4176 份、白菜 2847 份、芥菜 1827 份以及野生近缘种 831 份，这些种质资源已繁殖保存在国家长期库（北京）、国家作物种质复份库（青海）和国家油料作物种质中期库（武汉）中，成为支撑我国油菜科研和产业可持续发展的本底种质资源库。这些资源包括来源于我国 29 个省 1076 个县（市、区）的原产或原创油菜种质资源 7536 份（李利霞等，2020），其中，四川甘蓝型油菜 374 份、芥菜型油菜 112 份、白菜 204 份。

四川油菜种植面积和总产量一直位居全国前列，是主要食用植物油来源。四川油菜栽培历史悠久，在长期自然演化和人工选择中形成了极为丰富的油菜品种资源。1977 年出版的《中国油菜品种资源目录》中，收录的我省油菜资源共 121 份，其中甘蓝型油菜 38 份、芥菜型油菜 3 份，白菜型油菜 80 份；1993 年出版的《中国油菜品种资源目录（续编一）》中，收录的我省油菜资源共 210 份，其中甘蓝型油菜 44 份、芥菜型油菜 73 份、白菜型油菜 93 份；2018 年出版的《中国油菜品种资源目录（续编三）》中，收录的四川油菜资源下降到 129 份，其中甘蓝型油菜 73 份、芥菜型油菜 23 份、白菜型油菜 33 份，与之前相比较，芥菜型和白菜型油菜资源数量急剧下降。可见，加强种质资源的收集和保存是一项刻不容缓的工作；四川省农业科学院作物研究所一直从事油菜种质资源的收集和保存，在 50 年代初全省群众性地方品种普查收集的基础上，70 年代末进行了地方品种的补充收集，"八五"期间组织了四川西北部、四川东南部的资源考察（杨淑筠和蒋梁材，1996），2018～2023 年，又参加了第三次全国农作物种质资源普查。目前，四川省资源库收集和保存各种类型油菜种质资源共 650 份，其中甘蓝型油菜 462 份、芥菜型油菜 124 份、白菜型油菜 64 份。可见，省级资源库在保存本省资源中起到重要作用，是国家资源库的重要补充。

第二节　油菜种质资源的分布和类型

一、油菜种质资源的分布

油菜分布十分广泛，主要集中在东亚、南亚、欧洲、美洲和大洋洲。白菜型油菜野生种被发现生长在从地中海西部穿过欧洲延伸至中亚甚至东亚一带；甘蓝野生类型主要分布于地中海海边及西班牙北部、法国西部、英国南部和西南部；黑芥主要分布于地中海周边温暖地带，并延伸至中亚和中东地区；埃塞俄比亚芥具有很强的抗病性和抗逆性，主要分布在东非高原，特别是埃塞俄比亚和非洲大陆东西海岸的部分地区；甘蓝型油菜是驯化和栽培历史最短的油菜类型，主要分布于东亚、欧洲、北美洲、大洋洲等地区，我国主要分布于长江流域。

我国油菜资源分布于全国 29 个省 1076 个县（市、区），北起黑龙江和新疆，南到海南，向西至青藏高原，向东又纵横沿海各省。如果按种植油菜的春化特性划分，我国油菜可分为冬油菜和春油菜两个大区。冬油菜主要分布在长江流域，春油菜主要分布在黄淮以北、青海，以及四川甘孜、阿坝、凉山三州地区，其界线大致是东起山海关，经长城沿太行山南下，经五台山过黄河至贺兰山东麓向南，过六盘山再经白龙江上游至雅鲁藏布江下游一线，其以南、以东为冬油菜，其以北、以西为春油菜。

四川油菜从种植区域上划分，可大致分为 5 个区域，分别为川西平原区、川中丘陵区、川东北盆周山区、川南丘陵区和甘孜、阿坝、凉山三州春油菜区。地方品种主要分布在盆周山区、川西南山地高原区、川西山地高原区，其次分布于川中、川东南丘陵区。此外，根据中国油菜栽培的分类标准，四川白菜型地方种多属于南方油白菜类型，甘孜、阿坝、凉山有部分品种属于北方小油菜类型，如西昌山油菜、喜德小油菜等。芥菜型地方种多为细叶芥，川南、凉山州有少数品种为大叶芥类型，如黄琅高油菜、泸州黄青菜等（杨淑筠和蒋梁材，1996）。四川省农业科学院保存的 650 份地方种质资源的分布呈现"东多西少"的趋势，与第三次全国农作物种质资源普查资源分布趋势相似。

第三次全国农作物种质资源普查辐射全省 19 个市（州），共征集收集油菜种质资源177 份，其分布呈现"东多西少"的趋势（表 6-1），分布趋势和前几次普查收集的资源分布趋势一致，主要原因如下：一是东部相对于西部，海拔更低，土壤更肥沃，气候条件更适合油菜生长，油菜的繁殖和演变更丰富；二是人类活动更密集，对油菜种的保留和选择活动更多。在阿坝州收集的油菜种质资源最多，为 23 份；其次为绵阳市，为 21 份。

表 6-1　第三次全国农作物种质资源普查收集的 177 份油菜种质资源分布表

采集地	种质资源份数	采集地	种质资源份数
攀枝花市	10	泸州市	6
阿坝州	23	眉山市	7
巴中市	15	绵阳市	21
成都市	10	南充市	4

续表

采集地	种质资源份数	采集地	种质资源份数
达州市	8	遂宁市	3
德阳市	1	自贡市	1
甘孜州	10	雅安市	16
广安市	7	宜宾市	4
广元市	12	乐山市	14
凉山州	5	合计	177

二、油菜种质资源的类型

油菜种质资源按育成方式和来源分为地方品种、人工选育的品种、引进品种、突变体材料等；按类型分为白菜型油菜、甘蓝型油菜、芥菜型油菜、芜菁、甘蓝、野生种及近缘种等；按品质分为双高品种、高芥酸品种、低芥酸品种、双低品种及高油酸品种等；按用途分为油用品种、菜用品种、饲用品种、肥用品种、观花用品种等。

1. 按育成方式和来源划分

（1）地方品种

地方种亦称农家品种、传统品种、地区性品种。在当地自然或栽培条件下，经长期自然或人为选择形成的品种。对当地自然或栽培环境具有较好的适应性。除一些无性系品种外，一般多为较混杂的群体，如发芽期、芽叶色泽和叶形均有多种变异，是系统育种的原始材料。

（2）人工选育的品种

人工选育的品种是以遗传学为理论基础，并综合应用生态、生理、生化、病理和生物统计等多种学科知识，通过人工创造遗传变异、改良遗传特性等培育的优良植物品种。

（3）引进品种

广义的引进品种，是指把外地或国外的新作物、新品种或品系，以及研究用的遗传材料引入当地。狭义的引进品种是指生产性引种，即引入能供生产上推广栽培的优良品种。

（4）突变体材料

突变体材料是指由于 DNA 复制（特别是减数分裂）出错或 DNA 损伤（如暴露于辐射或致癌物引起）后错误地修复造成生物体的遗传物质 DNA 发生改变的材料。

2. 按类型划分

（1）白菜型油菜

白菜型油菜（*Brassia campestris*）包括原产于中国的芸薹和油白菜。中国又称小白菜、矮油菜、甜油菜等。

（2）甘蓝型油菜

甘蓝型油菜（*Brassica napus*）是由芸薹（AA，$n=10$）与甘蓝（CC，$n=9$）通过自然种

间杂交后双二倍化进化而来的一种复合种。

（3）芥菜型油菜

芥菜型油菜（*Brassica juncea*）也称为高油菜、辣油菜等，是由芸薹（AA，*n*=10）和黑芥（BB，*n*=8）通过自然种间杂交后双二倍化进化而来的一个复合种，是十字花科芸薹属芥菜的油用变种。

（4）芜菁

芜菁是十字花科芸薹属芸薹种芜菁亚种能形成肉质根的二年生草本植物。

（5）甘蓝

甘蓝（*Brassica oleracea*）是十字花科芸薹属的一年生或二年生草本植物。

（6）野生种

野生种是指包括自然生态系统中所有非人为控制环境下生存的油菜种类。

（7）近缘种

近缘种是指因种间亲缘关系比较密切而又难以明确划分为不同种的油菜种群。

3. 按品质划分

（1）双高品种

双高品种是指菜籽油中芥酸含量和菜饼中硫代葡萄糖苷含量高于一定标准的油菜品种，包括双高常规种和双高杂交种。其中，双高常规种芥酸含量高于1%，硫代葡萄糖苷含量高于30μmol/g；双高杂交种芥酸含量高于2%，硫代葡萄糖苷含量高于40μmol/g。我国在开展品质育种之前的品种多数为双高品种。

（2）高芥酸品种

高芥酸品种是指油菜的菜籽中芥酸含量达50%以上的油菜品种。

（3）低芥酸品种

低芥酸品种是指芥酸含量不超过脂肪酸组成3%的油菜品种。

（4）双低品种

双低品种是指菜籽油中芥酸含量和菜饼中硫代葡萄糖苷含量低于一定标准的油菜品种，包括双低常规种和双低杂交种。其中，双低常规种芥酸含量不高于1%，硫代葡萄糖苷含量不高于30μmol/g；双低杂交种芥酸含量不高于2%，硫代葡萄糖苷含量不高于40μmol/g。双低油菜品种中的油酸含量达60%，因而被称为"最健康的油"。

（5）高油酸品种

根据国内标准，高油酸品种的油酸含量应达72%及以上。

国内标准要求高油酸油的酸价不超过2.0mg KOH/g，过氧化值不超过5.0mmol/kg，以确保高油酸油的稳定性和纯度。

4. 按用途划分

按不同的用途，油菜品种主要分为：用于提炼食用油的油用品种，主要用于采摘菜薹的菜用品种，主要为草食动物提供植物性食物的饲用品种，主要用油菜营养体制作养分完全的生物肥料的肥用品种，主要用于观赏的观花用品种。

第三节 油菜种质资源多样性变化

油菜在我国的分布很广，我国也是白菜型油菜的起源中心之一（傅廷栋，1994）。我国油菜种质资源收集开始于 1986 年 1 月，到 2019 年共收集油菜资源 7536 份，所以说我国的油菜种质资源遗传多样性丰富，以芥菜型油菜为例，其生育期、农艺性状、品质性状、抗性性状等都表现出丰富的遗传多样性。生育期：芥菜型油菜生育期因种性不同而异。我国芥菜型春油菜一般为 70～130 天，冬油菜为 130～260 天。但西藏芥菜型春油菜生育期为 160 天。农艺性状：我国在"七五""八五"期间曾对油菜种质资源的农艺性状进行了鉴定，有关数据也编成了资源目录。西藏芥菜型油菜籽粒大，千粒重一般为 4.15～6.17g，西藏达孜小油菜千粒重达 7.167g；青海、新疆有多室芥菜型油菜，四川有泸州四棱油菜。品质性状：我国对 1284 份芥菜型油菜种子品质性状进行测定，结果表明，平均含油量为 37.34%，变幅为 20.23%～49.04%。抗性性状：贵州、云南、新疆、江苏和安徽有抗（耐）菌核病材料；山西、云南、新疆、陕西、四川有高抗病毒病材料；我国西部和山西农家品种有高抗霜霉病材料（林菁华，2012）。

蒲晓斌等于 2006 年采用随机扩增多态性 DNA（randomly amplified polymorphic DNA，RAPD）标记、简单重复序列（simple sequence repeat，SSR）标记、植物学性状调查和聚类分析，对四川省农业科学院作物研究所保存的四川和国内外 278 份资源材料进行了多样性分析。结果表明四川的芥菜型油菜地方资源与云贵或其他区域的芥菜型油菜地方资源间差异明显，四川的芥菜型油菜地方资源具有丰富的遗传多态性。RAPD 标记聚类分析将芥菜型油菜分为三个大类：第一类为来自云南的丘北黑油菜，该资源可能是一份特殊起源的地方资源；第二大类为来自云贵的资源；第三大类为来自四川（包括原重庆）的资源。植物学性状聚类分析结果显示为 6 个大类：第一大类为来自四川（包括原重庆）的资源；第二大类为来自四川、贵州的资源；第三大类主要为来自云贵高原和青藏高原的资源；第四大类主要为来自凉山地区和云贵高原的资源；第五大类为来自埃塞俄比亚的埃塞俄比亚芥和来自四川的长宁本地黄油菜；第六大类主要为来自四川东部、凉山地区和云贵高原的资源。RAPD 标记聚类分析显示四川的甘蓝型油菜地方种与国内育成种间存在较明显的差异，将参试资源材料划分为三大类群：第一大类以国外引进资源为主；第二大类以四川地方种为主；第三大类以四川地方种和国内育成品种为主。

蒋梁材等于 2006 年对四川白菜型、芥菜型品种的硫苷含量、含油量、脂肪酸组成进行了测定并对农艺性状等进行了鉴定。白菜型和芥菜型产量构成因素差异显著。白菜型油菜芥酸含量最高为 59.63%，亚麻酸含量最低为 4.50%，含油量最高为 47.29%，千粒重最高为 3.84g，单株生产力最高为 28.1g，每果粒数最多为 28.5 粒，单株角果数最高为 1189.8 个，株高最高为 215.6cm，高抗病毒材料 1 份。芥菜型油菜单株生产力最高为 25.8g，单株角果数最高为 1554.2 个，株高最高为 256.10cm，着果密度最大为 2.14 个/cm。

Chai 等（2023）利用国际合作项目引进分子标记 SNP_208，选取四川省农业科学院作物研究所保存的 200 份油菜种质资源（包括资源材料、亲本、组合、品种等）进行了分型鉴定。SNP_208 是一个与重要抗黑胫病基因 *Rlm1* 紧密连锁的单核苷酸多态性（SNP）标记，可通过竞争性等位基因特异性 PCR（kompetitive allele specific PCR，KASP）技术对 *Rlm1* 的抗病性和感病性进行基因分型。KASP 检测结果发现共有 132 份材料含有抗性 *Rlm1* 位点（图 6-2），其中 117 份为纯合抗性、15 份为杂合抗性。含有抗性位点的材料包括资源材料（如东风油菜、牛耳朵、泸州金黄油菜、屏山花黄油菜等）、骨干亲本（如 99-16、R11 等）、品种（如川油 20、万油 19 号等）。该研究表明，四川油菜种质资源富含抗黑胫病基因，因为 *Rlm1* 基因的抗性为显性性状，所以利用含有抗性位点的亲本材料（*Rlm1/Rlm1*）配置的杂交种（*Rlm1/Rlm1* 或 *Rlm1/rlm1*）对菌株致病基因 *AvrLm1* 也有抗性，这就赋予其潜在巨大的生产和应用价值。

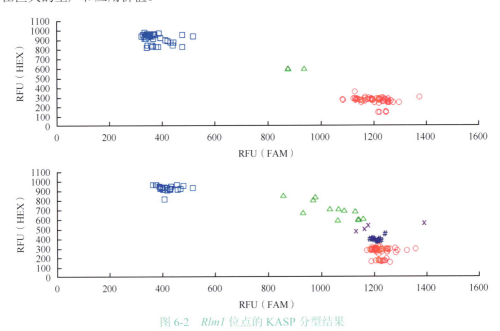

图 6-2　*Rlm1* 位点的 KASP 分型结果

　　近年，四川省农业科学院作物研究所对保存的 353 份地方种质资源进行了品质性状和农艺性状鉴定，结果表明 194 份甘蓝型油菜农艺性状变幅和平均值如下：株高 98.50～230.00cm，平均 163.61cm；有效分枝数 3.33～16.67 个，平均 7.86 个；单株有效角果数 92.33～648.00 个，平均 304.47 个；每角粒数 9.20～30.50 粒，平均 20.05 粒；角果长 3.77～10.43cm，平均 6.12cm；有效分枝高度变异系数最大，为 42%，其次为单株有效角果数（32%），变异系数最小的是每角粒数和角果长，均为 2%（表 6-2）。

表 6-2　194 份甘蓝型油菜农艺性状鉴定统计分析表

项目	株高/cm	有效分枝高度/cm	主序长/cm	有效分枝数/个	主序角果数/个	单株有效角果数/个	每角粒数/粒	角果长/cm
最大值	230.00	115.00	98.67	16.67	120.33	648.00	30.50	10.43
最小值	98.50	0.00	22.67	3.33	30.00	92.33	9.20	3.77
平均值	163.61	57.47	52.46	7.86	72.70	304.47	20.05	6.12
标准方差	26.18	23.89	11.34	1.93	17.79	98.43	3.56	1.25
变异系数	16%	42%	22%	25%	24%	32%	2%	2%

80 份芥菜型油菜农艺性状变幅和平均值如下：株高 90.00～227.00cm，平均 150.15cm；有效分枝数 3.67～19.33 个，平均 9.36 个；单株有效角果数 111.00～1563.33 个，平均 390.37 个；每角粒数 3.67～21.60 粒，平均 10.85 粒；角果长 1.90～4.07cm，平均 2.91cm；变异系数最大的是单株有效角果数，为 74%，其次为有效分枝高度（55%），变异系数最小的是角果长（1%），每角粒数也较小，为 3%（表 6-3）。

表 6-3　80 份芥菜型油菜农艺性状鉴定统计分析表

项目	株高/cm	有效分枝高度/cm	主序长/cm	有效分枝数/个	主序角果数/个	单株有效角果数/个	每角粒数/粒	角果长/cm
最大值	227.00	83.33	87.50	19.33	102.00	1563.33	21.60	4.07
最小值	90.00	0.00	0.00	3.67	0.00	111.00	3.67	1.90
平均值	150.15	38.76	37.95	9.36	45.48	390.37	10.85	2.91
标准方差	28.38	21.34	17.38	3.48	16.67	289.96	3.60	0.38
变异系数	19%	55%	46%	37%	37%	74%	3%	1%

79 份白菜型油菜农艺性状变幅和平均值如下：株高 84.00～195.00cm，平均 143.69cm；有效分枝数 3.50～12.50 个，平均 6.68 个；单株有效角果数 27.00～467.50 个，平均 179.01 个；每角粒数 3.70～21.60 粒，平均 9.72 粒；角果长 2.63～7.63cm，平均 4.26cm。变异系数最大的是单株有效角果数，为 56%，其次为主序长（46%），变异系数最小的是角果长，为 2%，每角粒数也较小，为 3%（表 6-4）。

表 6-4　79 份白菜型油菜农艺性状鉴定统计分析表

项目	株高/cm	有效分枝高度/cm	主序长/cm	有效分枝数/个	主序角果数/个	单株有效角果数/个	每角粒数/粒	角果长/cm
最大值	195.00	65.33	102.67	12.50	56.33	467.50	21.60	7.63
最小值	84.00	0.00	0.00	3.50	8.67	27.00	3.70	2.63
平均值	143.69	34.78	44.10	6.68	30.38	179.01	9.72	4.26
标准方差	24.07	14.28	20.40	1.66	11.68	100.92	3.06	0.80
变异系数	17%	41%	46%	25%	38%	56%	3%	2%

总体来说，甘蓝型油菜的每角粒数较芥菜型油菜和白菜型油菜多，甘蓝型油菜的角果长较芥菜型油菜和白菜型油菜长，芥菜型油菜单株有效角果数较多。此外，白菜型油菜因菌核病和病毒病发病较重，农艺性状均受到较大的影响。

353 份地方种质品质性状（近红外仪测试）变幅和平均值如下：含油率 22.70%～51.46%，平均 36.27%；硫苷含量 9.96～197.88μmol/g，平均 61.94μmol/g；蛋白质含量 20.00%～37.82%，平均 29.17%。变异系数最大的是硫苷含量，为 68%；最小的是蛋白质含量，为 8%（表 6-5）。

表 6-5　353 份地方种质品质性状鉴定统计分析表

项目	含油率/%	硫苷含量/(μmol/g)	蛋白质含量/%
最大值	51.46	197.98	37.82
最小值	22.70	9.96	20.00
平均值	36.27	61.94	29.17
极差	28.76	188.02	17.82
标准偏差	4.34	42.40	2.28
变异系数	12%	68%	8%

对第三次全国农作物种质资源普查收集的 60 份（其余材料待下一步鉴定）油菜种质资源进行了农艺性状鉴定，结果表明农艺性状变幅和平均值如下：生育期 177～202 天，平均 190 天；株高 118.33～258.75cm，平均 189.99cm；分枝高度 4.5～142.25cm，平均 57.54cm；单株角果数 103.00～1029.67 个，平均 303.32 个；每角粒数 6.00～27.00 粒，平均 14.22 粒；千粒重 1.39～5.32g，平均 3.20g。单株角果数变异系数最大，为 71%，最小的是生育期，为 11%（表 6-6）。

表 6-6　60 份油菜种质资源农艺性状鉴定统计分析表

项目	生育期/天	株高/cm	分枝高度/cm	单株角果数/个	一次分枝数/个	每角粒数/粒	千粒重/g
最大值	202	258.75	142.25	1029.67	17.50	27.00	5.32
最小值	177	118.33	4.50	103.00	2.25	6.00	1.39
平均值	190	189.99	57.54	303.32	6.99	14.22	3.20
极差	25	140.42	137.75	926.67	15.25	21.00	3.93
标准偏差	22	33.96	30.50	215.80	2.88	4.64	0.88
变异系数	11%	18%	53%	71%	41%	33%	27%

对第三次全国农作物种质资源普查收集的 73 份（其余材料待下一步鉴定）油菜种质资源进行了品质性状鉴定（近红外仪测试），其变幅和平均值如下：含油率 31.81%～52.64%，平均 43.47%；硫苷含量 19.14～151.51μmol/g，平均 92.80μmol/g；蛋白质含量 18.02%～35.55%，平均 24.05%。硫苷含量变异系数最大，为 36.04%；最小的是含油率，为 9.77%。与之前保存的地方资源相比较，此次普查收集的资源含油率平均值增加了 7.2%，硫苷含量变异系数从 68% 降低到 36.04%。推测产生这些变化的主要原因是人工持续定向选择，也不排除第三次普查期间的气候较之前发生了变化产生的影响（表 6-7）。

表 6-7　73 份油菜种质资源品质性状鉴定统计分析表

项目	含油率/%	硫苷含量/(μmol/g)	蛋白质含量/%
最大值	52.64	151.51	35.55
最小值	31.81	19.14	18.02
平均值	43.47	92.80	24.05
标准方差	4.25	33.44	3.02
变异系数	9.77%	36.04%	12.57%

第四节　油菜优异种质资源发掘

第三次全国农作物种质资源普查共鉴定出 8 份优异资源，具有高含油率、高蛋白、高千粒重、高单株角果数、早熟等优异性状。

1. 开江县梭梭油菜（P511723036）

【作物及类型】芥菜型油菜，地方品种。

【来源地】达州市开江县。

【种植历史】30 年以上。

【种植方式】直播。

【农户认知】油质、油色好，抗性好。

【资源描述】高含油率：含油率 52.64%，资源实物见图 6-3。

图 6-3　开江县梭梭油菜

2. 黄油菜（2020511048）

【作物及类型】白菜型油菜，地方品种。

【来源地】达州市渠县。

【种植历史】30 年。

【种植方式】直播。

【农户认知】榨油香味浓，抗病、抗虫、抗寒能力强。

【资源描述】株高 180cm，单产 220kg/亩，属于高蛋白油菜，蛋白质含量 30.02%，资源实物见图 6-4。

图 6-4　渠县大义乡黄油菜

3. 黄油菜（P511423022）

【作物及类型】白菜型油菜，地方品种。

【来源地】眉山市洪雅县。

【种植历史】30 年以上。

【种植方式】直播。

【农户认知】黄籽。

【资源描述】高千粒重：千粒重 5.32g，资源实物见图 6-5。

图 6-5　洪雅县将军乡黄油菜

4. 马尾须油菜（P510185032）

【作物及类型】芥菜型油菜，地方品种。

【来源地】成都市简阳市。

【种植历史】30 年。

【种植方式】直播。

【农户认知】优质，抗病。

【资源描述】黄籽，高单株角果数：单株角果数 1000 个左右，资源实物见图 6-6。

图 6-6　十里坝乡马尾须油菜

5. 弯豆角油菜（P511903016）

【作物及类型】甘蓝型油菜，地方品种。

【来源地】巴中市恩阳区。

【种植历史】30 年。

【种植方式】直播。

【农户认知】抗病、抗虫、抗寒能力强。

【资源描述】高千粒重：千粒重 5.09g，资源实物见图 6-7。

图 6-7　明阳乡弯豆角油菜

6. 岳池县本地马尾油菜（P511621054）

【作物及类型】芥菜型油菜，地方品种。

【来源地】广安市岳池县。

【种植历史】30 年。

【种植方式】直播。

【农户认知】优质，广适，耐贫瘠。

【资源描述】高单株角果数，高含油率：单株角果数 500 个以上，含油率 49.77%，资源实物见图 6-8。

图 6-8 岳池县本地马尾油菜

7. 南充高坪区黄油菜（P511303004）

【作物及类型】白菜型油菜，地方品种。

【来源地】南充市高坪区。

【种植历史】30 年。

【种植方式】直播。

【农户认知】优质，抗病，抗虫，广适。

【资源描述】高含油率：含油率 48.67%，资源实物见图 6-9。

图 6-9 南充高坪区黄油菜

8. 黄油菜（2019512074）

【作物及类型】白菜型油菜，地方品种。

【来源地】广元市苍溪县。

【种植历史】50 年以上。

【种植方式】直播。

【农户认知】榨油香味浓，抗病、抗虫、抗寒能力强。

【资源描述】早熟；生育期 177 天左右，较其他品种早 7 天以上，资源实物见图 6-10。

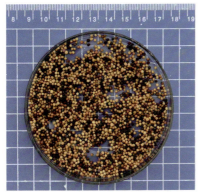

图 6-10　苍溪县新观乡黄油菜

第五节　油菜种质资源创新利用及产业化情况

一、油菜种质资源创新利用

四川油菜资源的引进、鉴定和研究利用，在历史上为我国油菜生产和科研作出了重要贡献。四川省农业科学院于 20 世纪 50 年代率先在国内鉴定推广了甘蓝型油菜品种胜利油菜，完成了我国油菜生产和科研上的第一次飞跃，即从白菜型油菜向甘蓝型油菜转型。1956 年，胜利油菜在全国推广面积占油菜种植总面积的 25% 以上，1958 年占四川油菜种植面积的 70% 以上（350 万亩），其应用年限达 15 年以上，至今有的地方仍然种植胜利油菜。四川省农业科学院通过利用胜利油菜与白菜型油菜杂交、系统选育等，育成了 80 余个新品种（系），其中年种植面积 100 万亩以上的有 6 个（川农长角、川油 2 号、川油九号等），在熟期适中的基础上，产量和含油量都超越了引进的胜利油菜。四川省农业科学院选育的川油九号是我省的第一个国家级品种，较川农长角和川油 2 号增产 5%～20%，推广面积占四川油菜总面积的 25% 以上，省内外累计推广 2600 万亩以上，于 1978 年获全国科学大会奖，1979 年获四川省科学技术奖二等奖。上述品种逐步取代了胜利油菜。此外，60 年代初期，四川省农业科学院对白菜型油菜雄性不育的发现和研究，开创了我国油菜雄性不育杂种优势利用研究的先河，该项研究获得 1978 年全国科学大会奖（蒋梁材等，1998）。

20 世纪 70 年代，四川省宜宾地区农科所（现为宜宾市农业科学院）在我国首次发现甘蓝型油菜核不育单株。1986 年，上海市农业科学院李树林等对它进行了系统的遗传研究，并利用这个核不育系制种，在生产上试种取得增产效果，1988 年获得农业部科学技术进步奖三等奖，此后提出采用"临保系"进行核不育三系制种理论。1988 年，四川大学生物系潘涛育成低芥酸核不育杂种 85-117，经西南区两年区试增产 13%～21%，1993 年推广面积已达 150 万亩（傅廷栋，1994）。

"川东北及川西南作物种质资源考察与研究"于 1997 年获四川省科学技术进步奖三等奖，该项研究抢救了四川濒临灭绝的农作物种质资源，极大地丰富了四川作物种质资源基因库。"油菜资源收集利用与新种质创造研究"于 2000 年获四川省科学技术进步奖二等奖，该项成果为四川省内外育种单位提供油菜资源 2000 余份次，省内利用育成品种（系）30 余个，创造社会经济效益 6.95 亿元；创制的新不育材料可解决长期困扰我国杂种优势利用的难题，是油菜杂种利用的一个突破；在聚生角果油菜研究方面达到国际同类领先水平。1986～2011 年，四川省农业科学院首次通过甘白远缘杂交、辐射诱变等，首创雄性不育稳定的新不育源并三系配套，弥补了国内原有不育胞质不足，解决了油菜杂种优势利用中原有细胞质雄性不育稳定性受温度影响、制种困难的重大生产问题，于 2011 年获四川省科学技术进步奖一等奖，2013 年获神农中华农业科技奖一等奖。2000～2020 年，针对油菜原有多功能种质缺乏等问题，利用油菜近缘种资源，通过远缘杂交、小孢子培养等，培育了系列优质、高油、高产、广适新品种和彩色油菜新品系（图 6-11），获四川省科学技术进步奖二等奖。

图 6-11　彩色油菜新品系

此外，四川省农业科学院参与的项目"中国农作物种质资源收集保存评价与利用"于 2003 年获国家科学技术进步奖一等奖，该项目依据生物多样性保护原理，综合集成作物生长、发育、遗传、演化等学科理论和新技术，按照"广泛收集、妥善保存、全面评价、深入研究、积极创新、充分利用"的原则，通过跨地区、跨部门、多学科、多年的综合研究，取得了重大突破与创新。参与的项目"我国油菜种质资源收集研究与利用"于 1994 年获得农业部科学技术进步奖二等奖。该研究抢救了我国濒临灭绝的油菜种质资源，为我国油菜优质和超高产育种提供了丰富资源。

二、油菜种质资源产业化情况

四川省农业科学院对国内外引进的资源进行利用，培育出产量、含油量、广适性表现特别突出的 JA 系列新品种。11 个新品种平均产量较对照增产 10.09%。川油 41 创四川区试、平原和丘陵生产区高产纪录；川油 36 是目前四川育成的唯一通过长江上游、中游、下游国家审定的突破性品种，2014 年在广汉创造了亩产 425.8kg 的全国高产纪录；川油 101 是四川首个油菜质不育三系抗根肿病杂交新品种；川油 81 是四川首批高锌钙菜油两用品种；川油 82 是四川首批非转基因抗除草剂品种。JA 系列新品种于 2005～2010 年在四川累计推广应用 2224 万亩，新增油菜籽产量 27 721 万 kg，新增产值 8.295 亿元，累计新增社会经济效益 11.2687 亿元。该研究成果获 2011 年四川省科学技术进步奖一等奖、2013 年获神农中华农业科技奖一等奖。

四川省农业科学院与华中农业大学合作，首次实现油菜与诸葛菜、菘蓝体细胞融合；

创制油/菜/饲多用、多花（叶）色等突破性新种质 135 份，培育出系列彩色油菜新品系；研究集成的"菜用+观花+饲用/油用"多功能综合利用模式，提升了油菜种植效益，扩大了油菜种植区域和应用范围，推动了农旅结合，尤其在凉山州等地区发挥了良好的示范带动作用，为四川油菜面积扩大、总产量跃居全国第一提供了重要支撑。合作成果于 2017～2019 年累计推广 203.2 万亩，新增纯收益 11.2946 亿元，经第三方机构评议，整体达到国际先进水平，其中非对称细胞融合核质互换的种质创新技术达到国际领先水平。

第七章

四川薯类作物种质资源多样性及其利用

第一节 薯类作物种质资源基本情况

薯类作物是四川重要的粮食作物之一。在四川三州地区，马铃薯是主要的口粮作物，在实现四川乡村振兴战略中具有重要作用。四川种植的薯类作物主要包括甘薯和马铃薯等，播种面积及产量仅次于主粮作物。四川省统计局发布的《四川统计年鉴2022》数据显示：1952~2021年，四川薯类作物播种面积从1633.50万亩波动增长至1918.92万亩，增长了285.42万亩，增幅约为17.47%；总产量从138.80万t波动增长至559.19万t，增长了420.39万t，增幅约为302.87%；单产从0.08t/亩缓慢增长至0.29t/亩，增长了262.50%。整体来看，四川薯类作物种植面积虽然有波动，但是基本保持稳定（图7-1）。总产量和单产

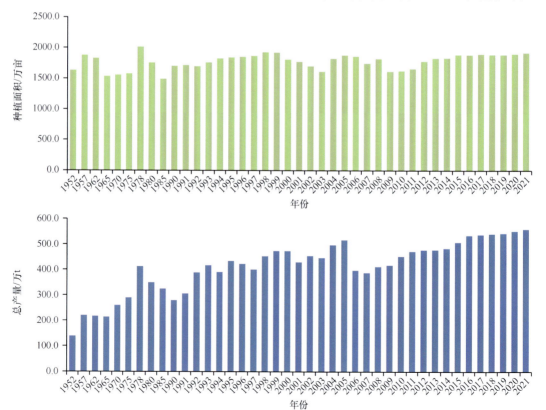

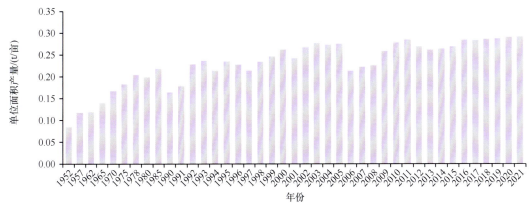

图 7-1 四川薯类作物种植面积、总产量及单产变化情况

虽然比 20 世纪 90 年代以前有了大幅提高，但是近 20 年来呈现缓慢升高趋势。其中，2015 年国家马铃薯主食化战略发布以后，随着各方面支持力度的加大，四川薯类作物产量有较为明显的提高，而且近年来其增产潜力仍在不断释放。2021 年四川各市（州）薯类作物播种面积和产量数据显示：凉山州的种植面积为 252.63 万亩，产量为 77.10 万 t，均为全省最高；其次为达州市，种植面积为 246.56 万亩，产量为 69.80 万 t；第三为南充市，种植面积为 157.97 万亩，产量为 46.50 万 t；其他市（州）种植面积小于 150 万亩（图 7-2）。

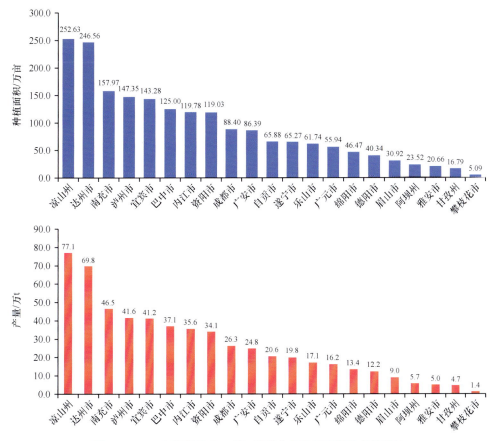

图 7-2 2021 年四川各市（州）薯类作物种植面积及产量统计

一、甘薯种质资源基本情况

甘薯（*Ipomoea batatas*）是旋花科（Convolvulaceae）甘薯属（*Ipomoea*）的双子叶植物，通常被称为红薯、番薯、地瓜等（图 7-3）。具有适应性广、繁殖力强、栽培简便、高产稳收、营养丰富、用途广泛等特点，被广泛栽培于全球大约 110 个国家和地区，在粮食和工业原料方面发挥重要作用。

图 7-3　甘薯各器官展示图
A. 花；B. 茎、叶、果实；C. 块根

甘薯属有 600～700 个种，甘薯及其 15 个近缘野生种被划分到甘薯组（Section *Batatas*），包括甘薯、三浅裂野牵牛（*I. trifida*）、三裂叶牵牛（*I. triloba*）、牵牛（*I. nil*）、圆叶牵牛（*I. purpurea*）等。甘薯是一种高度杂合的六倍体植物（$2n=6x=90$），具有自交不亲和性和营养繁殖的特性，这些特性对于研究甘薯的起源和进化构成了一定的挑战（马代夫等，2021）。目前，有关甘薯的形成途径存在 3 种主要假设：第一种假设认为甘薯最初由二倍体野生种经过自然突变并加倍，形成了四倍体野生种。随后，四倍体野生种与二倍体野生种发生杂交，产生了三倍体，再通过三倍体的加倍形成了最初的六倍体野生种；第二种假设认为二倍体野生种和四倍体野生种在特定条件下形成了六倍体，然后被驯化为栽培型；第三种假设认为栽培型的甘薯起初是由二倍体发生突变，导致出现栽培化性状，然后染色体数加倍，使其栽培化性状更加显著，形成栽培型的四倍体和六倍体种。但在这些假设中，没有找到广泛栽培的二倍体或四倍体甘薯。20 世纪，在墨西哥采集到六倍体的野生种三浅裂野牵牛，在墨西哥、哥伦比亚和委内瑞拉多地发现可以与甘薯品种直接杂交的二倍体野生种三浅裂野牵牛 K221，以及哥伦比亚高海拔地区存在的四倍体野生型三浅裂野牵牛，这些材料的发现支持了第一种假设（陆漱韵等，1998）。然而，关于栽培种甘薯的祖先是哪个原始物种以及其进化的问题，目前仍未完全弄清。

目前，普遍认为甘薯栽培种起源于南美洲，主要分布在秘鲁、厄瓜多尔和墨西哥等地。随后通过不同的传播途径，甘薯从美洲传播到世界各地，主要有三个路线：其一是 Kumara 路线，哥伦布于 1492 年的第一次远洋航行将甘薯引入了西欧各地；其二是 Batata 路线，甘薯通过葡萄牙的船只运输，被引入非洲和亚洲；其三是 Kamote 路线，甘薯由西班牙的水手带至菲律宾的马尼拉和摩鹿加岛，然后传至菲律宾、日本、中国等地（陆漱韵等，1998）。

甘薯最早引入我国是在明朝万历年间，大约在 1573 年，由华侨陈振龙从吕宋（今菲律宾）学习当地种植方法并将其引入我国，开始在我国沿海地区广泛种植。由于甘薯作为粮食作物自身具有许多特点，当时的农学家徐光启亲自参与培育、引种，并撰写《甘薯疏序》

一书大力宣传推广，很快普及到许多省份栽种。甘薯在我国栽培已经有 400 多年的历史，分布广泛，从南海诸岛一直延伸到内蒙古，涵盖了四川盆地、长江流域、黄河流域、淮河流域、东南沿海等省份。据 1962 年版《中国历史小丛书·五谷史话》记载，四川是较早引入甘薯的地区之一，大约在清雍正年间（1723~1735 年）。学界一致认为，甘薯由福建、广东东南沿海地区经湖广（今湖北、湖南）传入四川（李映发，2003）。另有记载显示，甘薯于 1733 年传入四川，然后在道光时期普及全省，成为四川人民的主要口粮之一。

20 世纪末 60 年代前后，甘薯曾作为主粮，为解决四川人民的温饱问题作出了巨大贡献。到 80 年代，又作为主要饲料，支撑了我省养殖业和畜牧业的发展。到 21 世纪，甘薯种植面积不断减少，从 1400 万亩锐减到目前的 1000 万亩以下，鲜薯总产量由 1800 万 t 锐减到目前的近 1000 万 t，但四川仍然是全国甘薯生产最大的省份。据统计，2016 年四川甘薯种植面积 715.20 万亩、总产量 1044.0 万 t、单产 1459.5kg/亩，面积和产量均位居全国第一。2006~2016 年，种植面积从 1405.50 万亩下降到 715.20 万亩，减少了约一半；鲜薯总产量从 1715.0 万 t 减少到 1044.0 万 t，减少了 39.13%；鲜薯单产呈波动式缓慢增加。近年来，四川甘薯种植规模基本稳定，种植面积稳定在 705 万亩以上，鲜薯总产量稳定在 1000 万 t 左右。

四川有山坡、丘陵等旱地面积，适宜栽培甘薯。在 20 世纪 50 年代之前，生产上主要使用甘薯地方品种。50 年代后，引进的甘薯品种如南瑞苕和胜利百号等，以及地方品种作为主要栽培品种。到 90 年代，育成品种徐薯 18、川薯 27、南薯 88、绵粉 1 号等得到广泛推广。然而，进入 21 世纪以后，生产上使用的甘薯品种逐渐多样化，在四川生产上可以看到省内外育种单位的不同品种。最近几年，一些甘薯新品种在生产上表现良好，如适合淀粉加工的品种西成薯 007、川薯 219、徐薯 22、广薯 87、豫薯 13、商薯 19、渝薯 17 等；适合鲜食、全粉加工的红黄心品种如普薯 32、济薯 25、南薯 88、川薯 20、川薯 294、南薯 012、香薯和心香，以及高花青素紫薯品种万紫 56、南紫薯 008、绵紫薯 9 号和川紫薯 6 号等。然而，这些品种目前主要由散户零星种植，仅占全省甘薯总产量的 20% 左右。据 2016 年调查，四川种植面积在 4.95 万亩以上的主要有 22 个品种，分别是南薯 88、徐薯 18、南薯 99、川薯 34、绵薯 6 号、川薯 101、西成薯 007、南紫薯 008、川薯 20、川薯 59、绵薯 8 号、川薯 27、豫薯 13、川薯 294、绵薯 7 号、川薯 164、潮薯 1 号、绵粉 1 号、香薯、绵紫薯 9 号、524、商薯 19，共 658.95 万亩，约占全省甘薯总面积的 92%。其中，四川审定的品种 16 个，共约 514.95 万亩，约占主要品种总面积的 78%，约占全省甘薯总面积的 72%；从省外引进的品种 4 个，即徐薯 18、潮薯 1 号、商薯 19、豫薯 13，共种植约 127.95 万亩，约占全省甘薯总面积的 18%；主要种植农家品种 2 个，分别是香薯和 524 红薯，种植面积约 15.90 万亩，约占全省甘薯总面积的 2%（卢学兰和崔阔澍，2019）。

二、马铃薯种质资源基本情况

马铃薯在南美洲拥有上万年的栽培和驯化历史，是世界上最古老的农作物之一。马铃薯属于茄科（Solanaceae）茄属（*Solanum*）植物（图 7-4），被广泛认为起源于南美洲安第斯山脉中部，濒临太平洋的秘鲁—玻利维亚区域和厄瓜多尔南部。目前已经确认了 107 个野生种和 4 个栽培种，而当前主要栽培的是马铃薯普通栽培种（*Solanum tuberosum*）。16

世纪时马铃薯由西班牙殖民者引入欧洲。随后，英国人在加勒比海战胜西班牙，将马铃薯带到英国。英国的气候适合马铃薯的生长，而且它的高产和易管理性使其成为 17 世纪初爱尔兰人的主要粮食作物。随着时间的推移，马铃薯逐渐在欧洲传播，成为欧洲人的重要粮食作物。

图 7-4　马铃薯茎叶（A）、花（B）、块茎（C）

马铃薯在大陆间的传播仅发生在近数百年间，但关于马铃薯如何引入我国以及引入的确切时间依然没有确凿的定论。有一种观点是由 Hawkes 于 1978 年提出的，他认为 17 世纪末由英国传教士将马铃薯带到印度，然后在我国传播，不过目前尚无确凿的证据来支持这一说法，而且具体传入时间也不清楚。另一种观点认为，马铃薯最早于 1603 年由荷兰移民首次引入中国台湾澎湖列岛，而明朝末年时已在国内广泛种植。也有的学者认为马铃薯可能在 1650 年之前被引入中国台湾，因为 1650 年时，荷兰船长 Strus 在他的日记中记录了在中国台湾曾看到马铃薯。总体来说，大多数学者认同马铃薯是由欧洲传入中国的，只是关于具体时间和途径的看法不尽相同（谢从华和柳俊，2021）。国内研究者的主要依据是马铃薯相关的航海史料以及大陆间特异物种首次被发现的时间，推测马铃薯引入中国的时间，其中一个猜测是明永乐二十一年（1423 年），即郑和第六次航海返回时。据典籍记载，马铃薯最初引入中国后主要在北京种植，成为皇室珍馐（佟屏亚，1990；郑南，2010）。到清朝后，马铃薯开始在乌蒙山区、武陵山区和秦巴山区等相邻山区栽培，这些地区成为我国最早的马铃薯集中产区。马铃薯传入我国，对原本只能种植产量极低小麦的寒冷地区非常有利，因此在内蒙古、河北、山西以及陕西北部等地迅速传播。据史料记载，马铃薯传入四川的时间大致可以追溯到"嘉庆十二三年始有之"，最初主要在四川的边缘山区栽种，逐渐在盆地内推广（谷茂等，1999）。

马铃薯的植物学分类一直是一个不断完善和更新的过程。以植物形态为主的系统分类将马铃薯已鉴定的种分为 7 个栽培种和 228 个野生种。由于马铃薯具有种间杂交亲和性的可能性，以及同源和异源多倍性机制的并存、有性繁殖和无性繁殖兼具的特性，还有可能存在新近发生的物种变异和受外界条件影响的表型改变，这些因素都导致不同种间具有相似的外观。目前世界上广为种植的是马铃薯普通栽培种，可分为两个品种群：安第斯品种群（Andigenum Group），包括生长在安第斯山脉高海拔地区的二倍体、三倍体和四倍体地方品种；智利品种群（Chilotanum Group），包括生长在智利低海拔地区的四倍体地方品种。这两个品种群在地理位置上相互隔离，适应不同的光周期条件。

近年来，四川先后从国内外引进马铃薯新品种（品系）共 182 个，其中国外 16 个。育成、筛选出一批产量高、品质好、专用性强、适合我省生态气候的优良品种。目前主要推广米拉、川芋系列、凉薯系列、中薯系列等品种，已形成了一套成熟的马铃薯脱毒快繁技术，脱毒原种生产能力达到每年 1000 万粒以上。培育了九寨沟岷山农业科技有限公司等种薯生产、销售企业。在条件适宜的盆周山区和川西南山地区，初步建成了 28 个马铃薯种薯生产基地，形成了辐射盆西、盆中、川南、川西南及川东北的马铃薯良繁网络框架。2006年全省脱毒良种推广面积达 163.50 万亩，占马铃薯总面积的 17.3%。

第二节　薯类作物种质资源的分布和类型

一、甘薯种质资源的分布和类型

（一）甘薯种质资源的分布

甘薯的地方品种和近缘野生种主要分布在中美洲、南美洲国家，包括秘鲁、阿根廷、墨西哥、厄瓜多尔、委内瑞拉等。目前，国际马铃薯研究中心是全球范围内收集、保存甘薯种质资源种类和数量最多的组织机构，目前保存甘薯种质资源约 7477 份，其中野生资源1299 份。印度有 10 个甘薯研究中心，目前保存约 3778 份，是亚洲保存数量最多的国家。日本也保存了超过 2500 份的甘薯种质资源。此外，美国、中国、菲律宾、印度尼西亚、巴布亚新几内亚等国家也各自保有 1000 多份的甘薯种质资源（唐君等，2009）。

四川地貌复杂，包括山地、丘陵、平原、盆地和高原等多种地形。地势呈现西高东低的特点，地势起伏差异明显，东西差异较大，且气候多样，分属三大气候类型，即四川盆地中亚热带湿润气候、川西南山地亚热带半湿润气候、川西北高山高原高寒气候。四川年均温度相对较高，无霜期较长，雨量充沛，这也是其成为传统的甘薯主产区的原因之一。甘薯主要分布在四川海拔 500～1500m 的丘陵山区，除了川西北高原外，四川盆地的各地也适宜种植甘薯。根据薯区划分，四川位于长江流域薯区，是西南地区加工型和鲜食型甘薯的重要产地，但产量相对较低。主要原因是四川地形以丘陵山区为主。土壤类型多样，包括砂土、砂壤土、砂石土、壤土和黏土等，尤以壤土和黏土居多。然而，黏土土壤在破碎和管理方面较为困难，需要更多的人工投入。四川丘陵山地的甘薯种植经营通常分散，田块小，规模有限，土壤黏性较重，而且多缓坡和陡坡，机械化种植较为困难，也增加了甘薯产品的运输成本。不过，四川也拥有大片肥沃的平原和河谷土地，尤其是盆地的丘陵、低山分布甚广，多为紫色砂页岩风化土，通透性好、肥力较高且磷和钾含量相当丰富，为甘薯的正常生长提供了优越的先决条件。

在"第三次全国农作物种质资源普查与收集行动"中，四川新收集保存甘薯种质资源128 份，其分布呈现"东中部低海拔地区多，西部高海拔少"的趋势（图 7-5）。地理垂直分布分析发现，在海拔 300～1200m 的地区甘薯种质资源分布最多，为 111 份（图 7-5），本次收集到的均为农户自留 10 年以上的地方品种。种质资源经纬度分布分析表明，所有甘薯种质资源收集地点的经度跨度为 101.49°E～107.91°E，纬度跨度为 26.69°N～32.66°N，在 104°E～106°E 和 30°N～32°N 区域内分布的甘薯种质资源最多，分别为 61 份和 49 份

（图 7-5）。128 份甘薯种质资源分别来自全省 20 个市（州）74 个县（市、区），在广元市收集的种质资源最多，为 15 份，其次为宜宾市，为 13 份；在德阳市、资阳市和甘孜州收集的种质资源最少，分别仅为 1 份（图 7-6）。

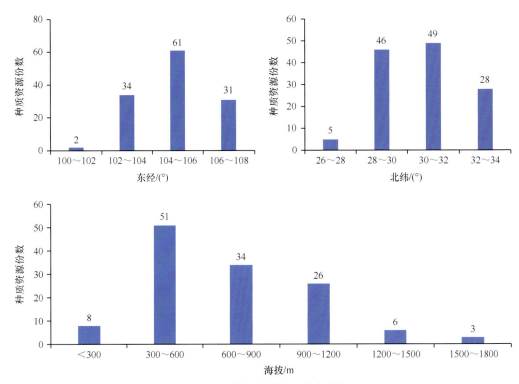

图 7-5　四川甘薯种质资源的分布情况

图 7-6　四川甘薯种质资源在各市（州）的分布情况

四川的甘薯以鲜食生产和加工利用为主，适宜种植各种类型的甘薯，包括高淀粉型、紫肉甘薯、优质鲜食型和菜用型。在春季、夏季和秋季三个季节种植甘薯，尤其是夏季，近年来春季种植逐渐兴起，秋季相对较少。夏季甘薯的栽插通常在 5 月中旬至 6 月中旬进行，收获则在 10 月中旬至 11 月中旬。四川的甘薯种植分布广泛，多在海拔 150~800m，主要集中在盆地和川东北丘陵地区。四川有 14 个市甘薯种植面积超过 22.50 万亩的地区，包括南充、达州、资阳、成都、内江、遂宁、宜宾、乐山、巴中、眉山、绵阳、广安、泸州、自贡等。甘薯种植面积 4.5 万亩以上的重点县（市、区）有 50 个（占全省甘薯总面积的 77%），主要有雁江区、资中县、仁寿县、安岳县、三台县、南部县、射洪市、中江县、巴州区、仪陇县、宣汉县、乐至县、安居区、西充县、蓬安县、合江县、渠县、万源市、荣县、嘉陵区、威远县、大竹县、阆中市、平昌县、南江县、井研县、达县、金堂县（卢学兰和崔阔澍，2019）。1996 年，重庆市还未成为直辖市时，四川省已成为全国最重要的甘薯种植地，甘薯产量占全国总产量的 23.36%。到了 2016 年，这一比例上升至 25.41%。

（二）甘薯种质资源的类型

我国的甘薯品种类型多样，根据用途和品质特性大致可分为高淀粉型、高胡萝卜素型、高花青素（紫色）型、菜用型和观赏型甘薯（王欣等，2021）。

1. 高淀粉型甘薯

高淀粉型甘薯主要用于工业原料，要求产量高，淀粉含量大于 25%。日本在 20 世纪 60 年代已开始育成高淀粉型甘薯，先后育成了南丰、黄金千贯、农林 34、农林 35、农林 60、农林 61 等高淀粉品种，目前的高淀粉品种淀粉含量已达 28%～30%。我国先后育成了徐薯 18、徐薯 22、商薯 19、济薯 26、川薯 27、川薯 34、南薯 88 等在生产上大面积推广的高淀粉型甘薯品种。四川生产上使用的淀粉专用型甘薯品种主要有徐薯 18、徐薯 22、商薯 19、绵粉 1 号、川薯 27、川薯 34、南薯 88、川薯 164、绵薯 7 号、西成 007 等，2016 年种植面积 145.05 万亩，占甘薯种植总面积的 20.30%。

2. 高胡萝卜素型甘薯

高胡萝卜素型甘薯通常含有比一般水果和蔬菜更多的胡萝卜素。胡萝卜素作为维生素 A 的前体，具有多种保健功效。美国早在育种计划中就把提高胡萝卜素含量作为重要目标，育成了多种胡萝卜素含量在 100mg/kg 以上的品种，如 Centennial、Virginan、Allgold、Gem 等。同时日本育成了农林 37、农林 49、农林 51 等高胡萝卜素品种。国际马铃薯研究中心育成了高胡萝卜素型甘薯品种 440138、440185、440189、LO323 等。我国先后育成了苏薯 4 号、鲁薯 8 号、徐 43-14、冀薯 4 号、岩薯 5 号、岩薯 27、徐渝薯 34、苏薯 25、浙薯 81 等在生产上大面积推广的高胡萝卜素型甘薯品种。目前，四川生产上使用的高胡萝卜素型甘薯品种主要有普薯 32、南薯 88、南薯 010、南薯 012、绵薯早秋、绵薯 4 号、绵薯 5 号、绵薯 8 号、川薯 101、川薯 294、川薯 73、川薯 20、川 220、川薯 221。

3. 高花青素（紫色）型甘薯

这类甘薯富含花青素，具有强大的抗氧化性，有助于抵抗衰老和提高免疫力。紫红色薯肉颜色越深，花青素含量越高。日本在 20 世纪 80 年代着手高花青素型甘薯品种的筛选和改良，先后育成了山川紫、Ayamurasaki 等品种，花青素含量达 200mg/kg。韩国于 1998 年育成了适合食品加工用的紫心甘薯品种 Zami。2004 年我国育成第一个紫心甘薯品种，到 2016 年，我国共育成国家、省级紫心甘薯品种 63 个（谢一芝等，2018）。四川生产上使用的高花青素（紫色）型甘薯品种主要有南紫薯 008、南紫薯 014、绵紫薯 9 号、川紫薯 1 号、川紫薯 2 号、川紫薯 3 号、绵渝紫 11、绵渝紫 12、南紫薯 015、内渝紫 2 号。

4. 菜用型甘薯

菜用型甘薯一般取甘薯茎尖生长点下 10cm 左右的嫩茎为食材，富含蛋白质、矿物质、维生素 C 和高纤维素，提供高营养价值。在美国、日本以及中国台湾、香港等地，甘薯叶已被视为新型蔬菜加以食用，被亚洲蔬菜研究中心列为高营养蔬菜品种，称其为"蔬菜皇后"。日本近年推出的茎尖用甘薯品种有关东 109、翠王等，叶柄用甘薯品种有农林 48 号等。韩国则育成了绿色茎尖、紫色茎尖菜用型甘薯品种。我国先后育成了广菜薯系列、福菜薯系列、川菜薯 1 号等菜用型甘薯品种。四川生产上使用的菜用型甘薯品种主要有台农 71、川菜薯 1 号、广菜薯 2 号等。

5. 观赏型甘薯

最早进行观赏型甘薯选育的是美国北卡罗来纳州立大学甘薯项目成员 Pecota。他首先注意到一种紫叶甘薯的叶片拥有出色的视觉美感，认为这种特质在园林绿化方面具有巨大的潜力。于是 Pecota 从国外收集了各种叶形和叶色的甘薯品种，然后通过筛选和杂交育种的方法改良，相继培育出多个观赏型甘薯品种，这些品种具有不同的叶色、叶形和生长习性（如攀缘或地面蔓延）。其中，观赏型甘薯品种 Sweet Caroline 系列的叶片呈深锯齿形，包括绿色、亮绿色（柠檬绿）、紫色、铜黄色 4 种颜色。此外，还培育出一些著名的观赏型甘薯品种，如具有深紫色或紫黑色簇生叶的 Blackie，这是用于绿化产业的第一个观赏型甘薯品种。国内外还相继培育出多个黄叶、紫叶等观赏型甘薯品种，在中国、美国等国家已经广泛用于家庭和园林绿化。国内已有学者开展了观赏型甘薯材料的研究和选育，我省目前还没有观赏型甘薯品种登记。

二、马铃薯种质资源的分布和类型

全球范围内，目前已保存了大约 30 个大类，总计约 6.5 万份马铃薯种质资源。从事马铃薯种质资源收集和保存工作的机构主要包括国际马铃薯研究中心（The International Potato Center，CIP）、荷兰马铃薯遗传资源中心（The Centre for Genetic Resources in the Netherlands，CGN）、英国马铃薯种质资源库（Commonwealth Potato Collection，CPC）、德国莱布尼茨植物遗传学和作物植物研究所（Leibniz Institute of Plant Genetics and Crop Plant Research，IPK）、法国国家农业食品与环境研究院（National Research Institute for Agriculture，Food and the Environment，INRΛE）、美国国家植物种质资源系统（National Plant Germplasm System，NPGS）。此外，其他国家如玻利维亚、阿根廷、智利和哥伦比亚等也都建立了马铃薯种质资源库。目前，我国保存了 5000 多份马铃薯种质资源，其中以国内外培育的品种为主，野生种资源相对较少（古丽米拉·热合木土拉，2021）。马铃薯的栽培种起源于南美洲安第斯山中部西麓，濒临太平洋的秘鲁—玻利维亚地区。该地区地理上因西临海洋、东靠安第斯山，地形狭窄，东西向延伸，海拔变化大，呈现多样的垂直地形，形成了独特的植物区系，即安第斯山植物亚区。在这里马铃薯种类经过混合、交叉和多倍体化，出现了不同类型，形成了各种栽培种。这表明所有的马铃薯栽培种都是在安第斯山中部凉爽气候条件下进化而来的（谷茂等，2000）。

四川地处 26°03′N～34°19′N、97°21′E～108°12′E，主要呈现亚热带高原型湿热季风气候，由于地形和不同季风环流的影响，呈现气候多变的特点。东部的四川盆地拥有亚热带湿润气候，而西部的高原地区受地形影响，以垂直气候带为主。从南部到北部，气候类型逐渐过渡，由亚热带向亚寒带过渡，同时在垂直方向上存在着多种气候类型，涵盖了从亚热带到永冻带的范围。四川盆地四季分明，无霜期 280～300 天，但川西高原的大部分地区年均气温小于 8℃，其中 1 月平均气温约–5℃，7 月平均气温仅 10～15℃。四川生态类型多种多样，具有独特的立体气候条件，且湿度、土壤和光照等条件非常适合种植马铃薯，这使得四川可以在不同时间和地点实现全年马铃薯的生产。

自 1991 年以来，我国马铃薯的种植面积和产量一直稳居世界首位，而四川的马铃薯种植面积和总产量均居于全国前列。四川马铃薯生产的最大特点是全年生产和全年供应。结合四川独特的生态地理优势，已经形成了 4 个主要的优势产区，分别是川西南地区的加工和食用马铃薯、川东北地区的种子马铃薯和通用型马铃薯、川东南的冬季马铃薯以及川西平原的秋季马铃薯。这些产区使鲜薯的生产集中、稳定，并且可以有序地在不同地区供应。近年来，四川的马铃薯种植面积已达 1500 万亩，总产量达 2100 万 t，总产值超过 520 亿元。在四川的马铃薯种植中，鲜食马铃薯占主导地位，约占总产量的 65%（崔阔澍等，2023）。

四川的马铃薯种植分为 4 个主要季节：早春、迟春、秋季和冬季。秋季马铃薯的上市时间从头年 11 月延续到翌年 1 月，而冬季马铃薯在 2～4 月上市，早春马铃薯在 5～7 月上市，迟春马铃薯在 9～10 月上市。这样的种植季节划分形成了周年生产、周年供应和均衡上市的模式，为满足不同地区的消费市场需求提供了强有力的保障。根据 2012 年的农业生产统计数据，四川的马铃薯种植面积在不同季节有不同的分布比例，其中春季占 66.2%、秋季占 17.3%、冬季占 16.5%。

冬季马铃薯的播种期通常在 10 月下旬至 12 月下旬，而收获时间在 2～5 月，这是冬季马铃薯的上市季节。经过数年的发展，冬季马铃薯的主要优势区域逐渐形成，包括川南冬季马铃薯区、川东冬季马铃薯区、凉山州安宁河流域冬季马铃薯区和川中川西冬季马铃薯区。目前，有 14 个市（州）在水稻收获后种植冬季马铃薯，这些地区的种植面积通常在 10.50 万亩以上。小春马铃薯的播种时间通常在 1 月上旬至 2 月上旬，一些山区地区可能在前一年的冬季就开始播种。而收获季节通常在 5 月中旬至 6 月下旬，这是小春马铃薯的上市季节。全省 20 个市（州）的 125 个县都有小春马铃薯的种植，通常在霜冻最严重的时候种植，以确保在水稻播种前能够收获小春马铃薯。小春马铃薯种植的主要制约因素是霜冻。小春马铃薯通常在 2 月下旬至 4 月中旬播种，而高海拔地区如甘孜和阿坝可能会在 5 月上旬开始播种。春季马铃薯的收获季节通常在 7 月中旬至 9 月中旬，大部分在 8 月。全省 19 个市（州）的 129 个县都有大春马铃薯的种植，尤其以大、小凉山地区为核心，还包括达州、巴中、广元、绵阳、泸州、宜宾以及雅安等地海拔超过 800m 的山区，这些地区具有鲜明的立体气候特征，日照充足，昼夜温差大，非常适宜大春马铃薯的生产。秋季马铃薯通常在 7 月下旬至 9 月下旬播种，大部分集中在 8 月下旬至 9 月上旬。一些山区和凉山州部分地区可能在 7 月下旬至 8 月上旬播种，称为早秋马铃薯。在川南地区的一些地方，如宜宾、泸州和乐山，9 月中下旬开始播种。秋季马铃薯的收获时间可以根据生长情况、下一季的种植需求以及市场需求等因素提前或推迟，从当年 11 月中下旬一直推迟到翌年 1 月上中旬收获上市。秋季马铃薯也被称为晚秋马铃薯，种植范围从平坦丘陵地带（海拔 500m

以下）的平坝丘陵地区扩展到山区。全省 21 个市（州）都有秋季马铃薯的种植，种植规模处于春季马铃薯之后，但增长迅速。而秋季马铃薯的种植面积主要集中在平原和丘陵地区，其中达州、南充、资阳、成都、广安和巴中等 6 个市的种植面积占全省面积的近 60%（徐成勇等，2015）。

在"第三次全国农作物种质资源普查与收集行动"中，四川收集保存马铃薯种质资源 152 份，其分布呈现"东中部低海拔地区少，西部高海拔多"的趋势（图 7-7）。地理垂直分布分析发现，在海拔 2000～3500m 的地区，马铃薯种质资源分布最多，为 102 份（图 7-7）。本次收集到的均为农户自留 10 年以上的地方品种。种质资源经纬度分布分析表明，所有马铃薯种质资源收集地点的经度跨度为 98.57°E～107.71°E，纬度跨度为 26.52°N～33.34°N，在 102°E～104°E 和 30°N～32°N 区域内分布的马铃薯种质资源最多，分别为 70 份和 55 份（图 7-7）。152 份马铃薯种质资源分别来自全省 12 个市（州）45 个县（市、区），在凉山州收集的种质资源最多，为 52 份，其次为甘孜州，为 37 份（图 7-8）。

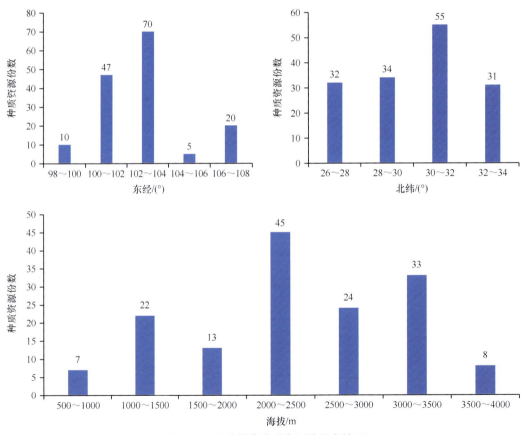

图 7-7　四川马铃薯种质资源的分布情况

目前，四川 21 个市（州）均有马铃薯的种植，有 150 多个县的种植面积超过 10.05 万亩，形成了盆周山区兼用型马铃薯（春作）、川西南加工型马铃薯（春作）和平丘菜用型马铃薯（秋、冬作）3 个集中产区，各具特色和优势。这种多样性的马铃薯生产有助于满足不同季节和用途的需求，为全国马铃薯产业的发展提供了坚实基础。盆周山区和川西南山地是马铃薯的加工专用和种薯优势区域，其面积大约 685.50 万亩，占全省面积的 60%。另

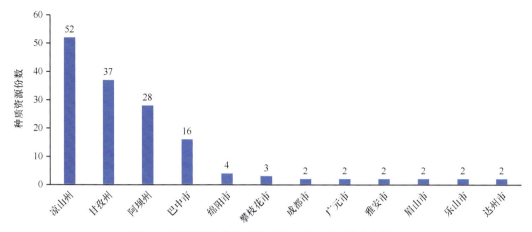

图 7-8　四川马铃薯种质资源在各市（州）的分布情况

外，丘陵和平原地区的马铃薯生产也迅速发展，其面积大约 456 万亩，占全省面积的 40%。其中，春季种植的马铃薯面积大约 750 万亩，占全省种植面积的 65%；而秋冬季种植的马铃薯面积大约 390 万亩，占全省种植面积的 35%。川西马铃薯主产区包括凉山州、甘孜州、阿坝地区等高海拔区域，这些地区一般只能进行一季的马铃薯种植。而四川平原、丘陵地区、盆周山区以及河谷地带则适宜进行两季的马铃薯种植。自 2004 年起，四川开始示范推广冬季种植的马铃薯。目前，泸州、宜宾、自贡、内江、广安、达州、巴中、成都、资阳、遂宁以及凉山等地的冬季马铃薯种植面积都在 10 万亩以上（卢学兰等，2007；徐成勇等，2015）。

第三节　薯类作物种质资源多样性变化

一、甘薯种质资源多样性变化

甘薯的地方品种和近缘野生种主要分布在中美洲、南美洲国家，包括秘鲁、阿根廷、墨西哥、厄瓜多尔、委内瑞拉等。在我国，甘薯的遗传资源分布广泛，从约 18°N 的海南岛一直到 48°N 的克山，覆盖了沿海平原，海拔从几米到数十米，一直到云贵高原的接近 2000m 处。根据我国的地理和生态特点，可以将甘薯资源分布划分为 5 个主要区域：南方秋冬薯区、南方夏秋薯区、长江流域夏薯区、黄淮流域春薯区、北方春薯区。特别是南方秋冬薯区被视为我国收集和挖掘甘薯优质地方资源的重点地区。甘薯组植物根据其与甘薯的杂交亲和性可以分为两个群，即同甘薯杂交亲和的第Ⅰ群和同甘薯杂交不亲和的第Ⅱ群（陆漱韵等，1998）。然而，关于甘薯组植物的分类问题存在一定的分歧，尤其在命名和染色体倍数方面，仍需要进一步研究和完善。

甘薯引入我国栽培已有 400 多年的历史。在这漫长的过程中，通过自然或人工选择，形成了许多与原种类型不同的地方品种。这些地方品种具有显著的地方适应性，以及出色的优质和抗病虫性。我国对甘薯种质资源的研究始于 20 世纪 30 年代，由中山大学农学院院长丁颖教授领导，最早进行了甘薯种质资源的收集和保存工作。之后因抗日战争的影响，保存的 500 多份甘薯资源全部遗失。著名的薯类作物育种专家杨洪祖于 1936 年进行了大规模的甘薯地方资源的收集和鉴定利用工作。仅在四川全省就收集到了 143 个甘薯农家品种，并选出了广东苔和绿叶洋红直接用于生产，对当时的四川甘薯生产起到了重要作用（图 7-9）。

图 7-9　四川甘薯种质资源薯肉色和薯形遗传多样性

　　我国在 20 世纪 50 年代中期和 80 年代初期，分别在东南沿海和长江流域以北的甘薯产区进行了两次较大规模的资源收集工作。1952～1958 年，广东省农业科学院进行了首次全国性甘薯种质资源的收集工作，共收集和征集了 1200 多份甘薯资源。随后，1979～1982 年，广东省农业科学院参与了第二次全国农作物种质资源普查与收集行动，补充收集和征集了 700 多份甘薯资源。截至 1982 年，共计收集了 1442 份甘薯资源。这些资源在 1984 年被整理后编制成《全国甘薯品种资源目录》，其中的 1096 份资源包括 589 份地方品种、337 份育成品种、134 份国（境）外引进品种以及 36 份近缘野生种等。但因分散保存在各地以及受到病虫危害等因素影响，目前已有超过 300 份甘薯资源丢失。为了弥补这一损失，徐州甘薯研究中心与国际马铃薯研究中心（CIP）合作，在黑龙江、陕西、甘肃、山西、云南、贵州、福建、广西、海南等省份进行了考察和收集工作，获得了约 500 份甘薯资源，并整理保存了其中的 300 份左右。此外，自 20 世纪 90 年代以来，我国也从国际马铃薯研究中心、美国、日本、菲律宾、泰国等地引进了上百份甘薯资源。为了确保甘薯种质资源的安全性，根据国家规划，1990 年，在广东的甘薯种质资源集中分布区建立了"国家种质广州甘薯圃"。截至 1992 年，全国的甘薯资源保存数量为 2000 多份，主要集中在徐州甘薯研究中心和国家种质广州甘薯圃中保存（黄立飞等，2020）。1994 年，孙近友等研究人员在云南和贵州征集了 143 份地方品种，充实和丰富了我国的甘薯遗传资源。前人所做的这些工作很大程度上扩大了我国的甘薯种质资源，为甘薯育种事业作出了巨大的贡献。但是我国的甘薯资源数量与国际马铃薯研究中心、美国、日本等地超过 3000 份的保存材料相比，仍存在一定差距。

近年来，我国甘薯资源引进工作取得了显著进展，已经成功引进了来自国际马铃薯研究中心、美国、日本等国家和地区的 200 多份甘薯资源。这些资源扩展了我国的甘薯遗传基础，为优异育种新材料的创制奠定了坚实的基础。目前我国已经建立了两个国家级甘薯种质资源库（圃）。截至 2007 年，这两个资源库共保存了 15 个种、1876 份甘薯种质资源。其中，"国家种质徐州甘薯试管苗库"保存了 1221 份甘薯种质资源，而"国家种质广州甘薯圃"保存了 1039 份甘薯种质资源。自 2015 年以来，农业部（现农业农村部）积极实施《全国农作物种质资源保护与利用中长期发展规划（2015—2030 年）》，并制定了《第三次全国农作物种质资源普查与收集行动实施方案》，以推动甘薯资源的进一步丰富和保护。

全国种质资源普查在四川先后开展过 4 次甘薯种质资源收集行动，分别是 1956 年收集甘薯种质资源 106 份，1981 年收集种质资源 107 份，2014 年收集种质资源 96 份，2023 年收集种质资源 128 份。

二、马铃薯种质资源多样性变化

马铃薯的种质资源因其丰富和多样而闻名。为了维护其生物多样性，世界各国和国际组织与机构已经开展了大规模的工作来收集和保存马铃薯的遗传资源。目前，全球保存了大约 30 个大类、总计约 6.5 万份不同的马铃薯遗传资源，而我国单独保存了超过 5000 份。除国际马铃薯研究中心为马铃薯资源收集和保存的国际组织外，中国、荷兰、美国、英国、德国、俄罗斯、秘鲁、玻利维亚、阿根廷、智利和哥伦比亚等国也建立了自己的马铃薯遗传资源库。美国的马铃薯遗传资源保存中心每年还组织专家前往南美地区进行马铃薯遗传资源的收集和登记保存工作，并将这些资源进行计算机登记，编辑资源目录以供研究和保护之用。

马铃薯种质资源非常丰富，包括野生种和栽培种，它们起源于两个中心地区：野生型的起源中心主要位于墨西哥和中美洲，这里存在着多个不同倍性的野生型种质资源；栽培种的起源中心则主要集中在秘鲁和玻利维亚交界处的 Titicaca 湖盆地区域，大多数为二倍体。早期研究表明，野生型和栽培种的起源是相互独立和隔离的，马铃薯栽培种可分为 8 个种，分别为四倍体栽培种（*S. tuberosum*）、窄刀薯种（*S. stenotomum*）、富利亚薯种（*S. phureja*）、角萼薯种（*S. gonicalyx*）、阿江惠薯种（*S. ajanhuiri*）、乔恰薯种（*S. chaucha*）、尤杰普氏薯种（*S. juzepczukii*）和短叶片薯种（*S. curtilobum*）。其中四倍体栽培种又分为 2 个亚种，即普通栽培种（*S. tuberosum* ssp. *tuberosum*）和安第斯亚种（*S. tuberosum* ssp. *andigena*）。当前，全球广泛栽培的马铃薯主要属于马铃薯亚种，而其他 7 个栽培种主要分布在南美洲安第斯山脉的不同地区。此外，原产地还分布着大量不同倍性的野生种。这些栽培种和野生种所包含的多样性类型为改良马铃薯品种提供了丰富的遗传资源。研究表明，大约 80% 的马铃薯栽培品种中含有原始栽培种和野生种的遗传成分。例如，在美国种植的品种中，大约 1/3 的品种中发现了野生种的遗传贡献；在我国，也有少数品种的遗传背景中包含了原始栽培种和野生种的成分。然而，由于倍性差异等因素，目前在马铃薯育种中利用的原始种质非常有限。

在近万年的时间内，气候变化也为马铃薯栽培种的进化提供了必要的外部条件。马铃薯栽培种的无性繁殖方式有助于维持其异质性和杂种优势。国际马铃薯研究中心于 1979 年从原产地收集了 3000 份栽培种无性系样品，对它们进行凝胶电泳特性分析，结果鉴定出 627 种基因型。其中，588 份属于安第斯亚种（4×，染色体倍型；下同），20 份属于窄刀薯种（2×），17 份属于尤杰普氏薯种和乔恰薯种（3×），2 份属于短叶片薯种（5×）。这些种类的比例分别为 93.8%、3.2%、2.7% 和 0.3%。这些结果与田间调查结果大致相符，说明马铃薯栽培种在其起源地的进化趋势。然而以形态为主要依据的分类难以明确物种的真正界限，随着分子生物学技术的发展，结合核微卫星标记和质体 DNA 标记，马铃薯被重新划分为 4 个栽培种和 107 个野生种。生态地理学研究结果表明，野生种主要生长在南半球 7°S～24°S、平均海拔约 3000m 的高山地区，以及北半球 38°N 附近、海拔 2000m 左右的地区，主要分布于美国西南部到阿根廷北部一线。然而，野生种总数的 87% 集中在阿根廷、秘鲁、玻利维亚、墨西哥等 4 个国家，这些地区被认为是马铃薯的主要起源地。

自 19 世纪以来，各国的科学家在马铃薯遗传育种方法和分类上存在一些差异。目前，各国的马铃薯遗传育种工作者多倾向于采用 Hawkes 的分类方法。Hawkes 主要基于植物学分类，根据植物形态特征、结薯习性和其他特征将马铃薯组（Section *Petota*）分为无匍枝薯亚组（*Estolonifera*）和马铃薯亚组（*Potatoe*）共计 21 个系，涵盖了 235 个种。马铃薯亚组中包括 19 个系和 226 个结薯种。Hawkes 在对所有结薯种进行分析比较后，将相似的种归为系（Series）。根据花冠形状和花瓣排列的特点，他将相近的系组合为大系（Superseries），其中包括五角星形花冠大系和轮状花冠大系。这两个大系构成了亚组（Subsection），马铃薯亚组中包括 76 个野生种和 7 个栽培种。根据来源，马铃薯种质资源可以分为野生种和栽培种。根据倍性，它们可以分为二倍体（2n=24）、三倍体（2n=36）、四倍体（2n=48）、五倍体（2n=60）、六倍体（2n=72）等。其中，二倍体资源的数量最为丰富，因此近年来二倍体马铃薯资源的研究备受关注。

引种是我国马铃薯育种研究工作中的第一步。从 20 世纪 40 年代开始，我国的马铃薯引种工作由管家骥、杨洪祖等科学家主导，他们从美国引进了不同品种和系列的马铃薯。这些引进的马铃薯品种经过试验和鉴定，最终选育出了七百万、小叶子等品种，随后推广到生产中。我国早期的马铃薯研究工作主要包括马铃薯资源的引进和收集。自 1934 年以来，我国先后从国外引进了一大批马铃薯种质资源，包括近缘种、野生种和原始栽培种等大量不同品种。例如，20 世纪 40 年代中期，从美国农业部引入了 62 份杂交组合实生种子。此后历经三次大规模引种，杨洪祖等科学家从英国、美国、苏联等地引进了各种品种和系列。1947 年，从美国引进了 35 个杂交组合。同时，从苏联和东欧国家引进了大约 750 份栽培品种、近缘种和野生种资源，为直接用于生产和杂交育种工作打下了坚实的基础。特别值得注意的是，我国引进的这批资源来自国际马铃薯研究中心以及东欧、美国、荷兰等国家和地区或科研单位，其中包括米拉（Mira）、白头翁（Anemone）、费乌瑞它（Favourite）等品种。这些品种作为骨干亲本，对我国的马铃薯育种工作起到了关键作用，我国研究人员育成了一些目前在我国广泛种植的主要品种，如东农 303、克新系列品种、乌盟 684、丰收白、虎头、跃进等。20 世纪 70 年代，我国还从荷兰、CIP、加拿大、美国以及德国引进了一大批野生种，包括 *S. demissum*、*S. acaula*、*S. chacoense* 等资源。自 80 年代以来，我国与国际马铃薯研究中心展开合作，提高了我国马铃薯资源的引进效率。从 90 年代开始，我国引进了 1000 多份无性系和 140 多份优质实生种子，从中筛选出了一批高抗晚疫病和抗青枯病的品种。随着国际交流的增加和我国马铃薯加工业的发展，我国还从荷兰、美国、加拿大、俄罗斯、白俄罗斯等国家以及国际马铃薯研究中心引进了各类专用型品种资源，包括食品型、抗旱型、加工型和抗病型等。这些引进的资源对我国的马铃薯育种和生产作出了积极贡献（徐建飞和金黎平，2017）。

我国对马铃薯资源的系统收集、引进和利用工作始于 20 世纪 50 年代。1956 年，国家组织了全国范围内的地方品种征集工作，以县为单位征集到了 600 多份地方品种。这项工作奠定了我国马铃薯种质资源的基础。经过充分的研究，相同命名但不同材料的品种被合并分类，最终保留了 100 多份具有独特性状的地方品种资源，这使得许多具有优良基因型的品种得以保存。为了丰富我国的马铃薯种质资源以满足育种工作的需求，我国研究者还进行了有目的的资源引进工作，先后引进各类品种、原始栽培种和野生种，共计超过 400份。然而，由于受当时的条件限制，这些资源难以得到妥善保存，常常处于可能遗失的状态。到了 20 世纪 80 年代中期，我国将农作物种质资源研究列为一个重点攻关项目。在"七五""八五""九五"三个五年计划期间，马铃薯种质资源的研究作为该项目的一个专题或子专题得到了加强。在黑龙江省农业科学院马铃薯研究所的主持下，全国各单位合作进行了资源的收集、整理、鉴定、评价、保存和利用等研究工作。这些努力最终使《全国马铃薯品种资源编目》出版，将我国的马铃薯种质资源收集、鉴定和利用工作纳入正轨（刘喜才等，2007）。

全国农作物种质资源普查在四川先后开展过 4 次马铃薯种质资源收集行动，分别是1956 年收集马铃薯种质资源 92 份，1981 年收集种质资源 98 份，2014 年收集种质资源 126份，2023 年收集种质资源 152 份，其薯肉色和薯形多样性丰富（图 7-10）。

图 7-10　四川马铃薯种质资源薯肉色和薯形遗传多样性

第四节　薯类作物优异种质资源发掘

一、甘薯优异种质资源发掘

1. 南瑞苕（2019513078）

【作物及类型】甘薯，引进品种。

【来源地】宜宾市珙县。

【种植历史】58 年以上。

【种植方式】净作或与玉米、幼果林套作。藤蔓扦插。

【农户认知】田间表现抗病、抗虫。口感香甜，软和，出粉率高。主要自家食用，市场出售和用于饲料。

【资源描述】1940 年，杨洪祖等从美国引进南瑞苕至我国四川地区。1941～1943 年成都、绵阳、泸州、合川、达县等地进行了试验，该品种在这些地区的表现最佳，产量比当地对照品种提高了约一倍。随后，该品种迅速传播到全国各地。从 1944 年开始，南瑞苕在全国大面积推广，其产量和品质均超过了当时各地的农家品种。在接下来的 50 多年里，南瑞苕的种植面积逐渐扩大，累计超过 25 500 万亩，为社会创造了显著的经济效益。南瑞苕是我国甘薯育种中使用最广泛、衍生品种最多的骨干亲本之一。据统计，我国约 94% 的甘薯育成品种具有南瑞苕和胜利百号的亲缘关系。该品种顶叶绿色，叶脉紫红，脉基及柄基均紫色，叶大，心形。蔓粗短至中长，节间短，分枝数中等，属于半直立型。薯块为纺锤形或球形，皮黄色，肉橙黄至橘红色。萌芽性较好，生长势较强，适应性广，春薯型。耐肥、耐旱、耐瘠性较弱，中抗软腐病，易感黑斑病和黑痣病。结薯较迟，薯数 4 个左右，薯块中等。干率高，烘干率多数在 30% 以上。淀粉率 23% 左右，胡萝卜素含量较高，优质，纤维少。植株蔓生，薯块较小，蔓长 120cm，种皮白色，薯肉黄色（图 7-11）。3 月播种，10 月收获，播种至始收约 210 天，薯块小，亩产平均 2500kg，最高 3000kg 以上。

图 7-11　南瑞苕地下部分器官展示

2. 胜利白（P511325032）

【作物及类型】甘薯，引进品种。

【来源地】南充市西充县。

【种植历史】40 年以上。

【种植方式】净作或与玉米、幼果林套作。藤蔓扦插。

【农户认知】软、糯、甜，食味品质优，稳产性好，萌芽性中等，耐储存。田间表现抗病、抗虫，耐贫瘠。当地主要食用、饲用和用于加工原料。

【资源描述】胜利白是甘薯品种胜利百号，该品种于1941年由日本引入我国，又名冲绳百号、胜利百号，是我国广泛推广的优良品种之一。该品种因其高产、强适应性、高干产率、适应扦插繁殖、易于管理等特点，在甘薯适生区域内得到了广泛的推广和种植。以其为亲本衍生出一批品种，是我国重要的甘薯骨干亲本之一。该品种叶形浅缺刻，叶色绿，叶脉色淡紫，脉基色紫，柄基色紫，叶片大小中等，茎端茸毛多，基部分枝10个左右，中长蔓，株型匍匐，薯皮红色，薯肉微黄（图7-12）。3月上旬播种，采收期11月上旬，播种至始收约240天，亩产1500kg。

图7-12　胜利白器官分解图（A）及生境（B）

3. 长宁本地红皮红苕（2019513257）

【作物及类型】甘薯，地方品种。

【来源地】宜宾市长宁县。

【种植历史】20年以上。

【种植方式】净作或与玉米、蔬菜套作。藤蔓扦插。

【农户认知】甜、水分多、香、软糯。

【资源描述】植株蔓生。叶深绿色。种皮红色，薯肉白色（图7-13）。主要利用部位为块根和茎叶。5月下旬播种，采收期10月中旬至11月上旬，播种至始收约150天，亩产2000～2500kg。软、糯、甜，食味品质优，田间表现抗病、抗虫、耐贫瘠。当地农户自家食用，市场出售，饲用。

图7-13　长宁本地红皮红苕地下部分器官展示

4. 岑刀砍（2020513043）

【作物及类型】甘薯，地方品种。

【来源地】巴中市南江县。

【种植历史】30年以上。

【种植方式】净作或与玉米套作。藤蔓扦插。

【农户认知】板栗味，口感好。

【资源描述】蔓长100cm，叶深绿色。种皮红色，薯肉白色（图7-14）。5月下旬播种，采收期至11月上旬，播种至始收约150天，亩产1000～1500kg。薯块中等大小。田间表现抗病，抗虫。当地农户自家食用。

图7-14　岑刀砍地下部分器官展示

5. 米易红苕（2018513105）

【作物及类型】甘薯，地方品种。

【来源地】攀枝花市米易县。

【种植历史】5年以上。

【种植方式】净作或与菜豆、豇豆套作。藤蔓扦插。

【农户认知】结红苕多，高产，个大，收获期单个重500g左右。

【资源描述】蔓长约80cm，叶深绿色，深缺刻，叶柄长，种皮红色，薯肉黄色（图7-15）。6～7月播种，10月收获，播种至始收约150天，亩产1500～1750kg。田间表现抗病，抗虫。与当地品种比较，抗病、抗虫，蔓长短，产量高，鲜食优。当地农户自家食用，市场出售，饲用。

图7-15　米易红苕器官分解图

6. 良种苕（2019513035）

【作物及类型】甘薯，地方品种。

【来源地】宜宾市珙县。

【种植历史】20 年以上。

【种植方式】净作或与玉米套作。藤蔓扦插。

【农户认知】淀粉含量高，加工粉条。

【资源描述】种皮白色，薯肉黄色（图 7-16），蔓长 3m。5 月播种，10 月收获，播种至始收约 160 天，薯块大，亩产 1000～1500kg。田间表现抗病、抗虫、耐贫瘠。产量较高，淀粉含量高，制作粉条、红薯淀粉。当地农户自家食用，加工淀粉、粉条，市场出售，饲用。

图 7-16 良种苕地下部分器官展示

二、马铃薯优异种质资源发掘

1. 金川乌洋芋（2021511021）

【作物及类型】马铃薯，地方品种。

【来源地】阿坝州金川县。

【种植历史】8 年以上。

【种植方式】净作或与玉米套作。小薯或大薯切块做种。

【农户认知】产量高、饲用营养高、耐储藏。

【资源描述】植株直立，株高 30cm，种皮深紫色，薯肉紫色（图 7-17）。3 月播种，8 月收获，播种至始收约 150 天，亩产 1500～2000kg。薯块大，花青素含量高，食味品质优。当地农户自家食用，饲用。可用作高花青素鲜食马铃薯育种材料。

图 7-17 金川乌洋芋地下部分器官展示

2. 丹巴乌洋芋（2021513043）

【作物及类型】马铃薯，地方品种。

【来源地】甘孜州丹巴县。

【种植历史】40年以上。

【种植方式】净作或与玉米、油菜套作。小薯或大薯切块做种。

【农户认知】薯块大，口感好。

【资源描述】植株直立，株高35cm，种皮紫色，薯肉白色（图7-18）。4～5月播种，8～9月收获，播种至始收约140天，薯块较大，亩产400～500kg。口感好，当地农户自家食用，市场出售，饲用。

图7-18　丹巴乌洋芋地下部分器官展示

3. 乌勾勾土豆（2021513254）

【作物及类型】马铃薯，地方品种。

【来源地】阿坝州小金县。

【种植历史】70年以上。

【种植方式】净作或与玉米套作。小薯或大薯切块做种。

【农户认知】不打药、施农家肥、不灌水，种植高效，品质优，口感好。

【资源描述】植株直立，株高45cm，种皮紫色，薯肉白色周围有紫色圈（图7-19）。4月播种，9月收获，播种至始收约150天，薯块较大，亩产700～800kg。食味优，当地农户自家食用，市场出售，饲用。

图7-19　乌勾勾土豆地下部分器官展示

4. 粉红洋芋（2022513510）

【作物及类型】马铃薯，地方品种。

【来源地】甘孜州白玉县。

【种植历史】50 年以上。

【种植方式】净作。小薯或大薯切块做种。

【农户认知】口感好。

【资源描述】植株直立，株高 35cm，种皮红色，薯肉浅黄色（图 7-20）。4 月播种，8 月收获，播种至始收约 120 天，薯块小，口感好，亩产 240～250kg。食味优，当地农户自家食用，市场出售。

图 7-20 粉红洋芋地下部分器官展示

5. 耳巴泥（2021513062）

【作物及类型】马铃薯，地方品种。

【来源地】甘孜州丹巴县。

【种植历史】50 年以上。

【种植方式】净作或与玉米套作。小薯或大薯切块做种。

【农户认知】口感好。

【资源描述】植株直立，株高 50cm，种皮黄色，薯肉淡黄色（图 7-21）。3 月播种，9～10 月收获，播种至始收约 180 天，薯块较大，亩产 900～1000kg。播种前施农家肥，中后期简单防治虫害，口感好，当地农户主要自家食用。

图 7-21　耳巴泥地下部分器官展示

6. 紫皮洋芋〔2022513406〕

【作物及类型】马铃薯，地方品种。

【来源地】甘孜州甘孜县。

【种植历史】80 年以上。

【种植方式】净作。小薯或大薯切块做种。

【农户认知】口感好。

【资源描述】植株直立，株高 20cm，种皮紫色，薯肉白色（图 7-22）。4 月播种，9 月收获，播种至始收约 150 天，薯块小，亩产 150～175kg。当地主要在房前屋后种植。口感好，当地农户自家食用、市场出售。

图 7-22　紫皮洋芋田间（A）、块茎（B）及花（C）

第五节　薯类作物种质资源创新利用及产业化情况

一、薯类作物种质资源创新利用

（一）薯类作物种质资源引种直接利用

新中国成立之前，我国主要种植甘薯地方品种。国外引进的一些优良的甘薯种质资源也得到了推广，使甘薯产量显著提高。其中，来自日本的冲绳百号（又称胜利百号）和来自美国的南瑞苕对我国甘薯育种的发展产生了重要影响。南瑞苕原名 Nancy Hall，早在

1911 年，它就已经成为美国南部的主要甘薯品种。随后在 1936 年首次引入我国南京地区进行试种。抗日战争爆发后，种薯丢失。1940 年，再次引进我国四川地区，逐渐开始大面积推广。

南瑞苕主要分布在长江中上游及西南地区，其中四川的种植面积最大，到 20 世纪 50 年代就成为四川甘薯栽培的主要品种，最高年种植面积曾达到 1312 万亩。到了 1975 年，四川的种植面积已减少至 670 万亩，而在 1988 年，种植面积仍然保持在 152 万亩左右。在四川、江苏、贵州等省份，南瑞苕的鲜薯亩产通常达到 2000kg，比当地的传统品种提高了 30% 以上。此品种的产量稳定，品质优良，藤叶肥嫩，适合鲜食或作为饲料。

为了防止因广泛推广优质品种而导致地方品种丧失的情况，我国曾进行过多次全国、地方性的甘薯种质资源收集工作。著名的甘薯育种家杨洪祖曾于 1936 年进行了大规模的地方甘薯资源的收集和鉴定利用工作。仅在四川，就收集到了 143 个甘薯农家品种。其中，广东苕和绿叶洋红两个品种被直接用于生产，为当时的四川甘薯生产作出了积极贡献。此外，大红袍和广东的禺北白等地方品种也作为直接应用于生产的典范。

自 1934 年以来，我国已引进了 1315 个国外普通栽培品种（系）的马铃薯资源，以及超过 100 万粒来自 90 多个杂交组合的实生种子和 110 个来自 13 个野生种和原始栽培种的无性系。其中许多种质资源已被广泛应用于生产或育种。其中，有 32 个品种已通过多年多点的鉴定并被直接用于生产，另外还有 10 多个品种是通过引进的杂交实生种子并经过系统选育推广的。国外资源已占我国马铃薯有性杂交亲本总数的 90% 以上，这些国外品种已成为我国高产、优质和多抗马铃薯育种的核心亲本。因此，强化国外马铃薯资源的引进、评价和应用对于丰富我国的马铃薯遗传资源基础具有重要意义，同时也是应对国际生物资源竞争加剧的战略决策。据统计，一些引进的马铃薯品种在多点试验和试种后在产量、抗病性、抗虫性以及品质等方面明显优于本地品种。这些优良品种通常会经过重命名，然后直接在中国的马铃薯产区推广和利用。目前生产中面积较大的品种有 25 个，包括米拉、费乌瑞它、底西瑞、卡迪拉尔等（张丽莉等，2007）。米拉，又称德友 1 号，原产于德国，具有高产、椭圆形块茎，块茎大而整齐，皮黄色、肉黄色，淀粉含量约 17%，品质极佳，耐退化，抗癌肿病，并且对马铃薯晚疫病表现出较强的抗性。在湖北、云南、贵州、四川等晚疫病流行地区仍然是主要的栽培品种，目前仍然有大面积的种植。费乌瑞它，又称为鲁引 1 号、津引 8 号、荷兰 7 号等，原产于荷兰，具有极早熟的特点，块茎呈长形，皮黄色、肉黄色，块茎大而整齐，芽眼浅，结薯较为集中，休眠期较短，适合进行两季栽培，在山东、河北、河南、安徽、江苏等地仍然是主要的栽培品种之一，目前仍然有大面积的种植，适合鲜食及出口。我国一直以来采用了边研究整理、边利用的方法来管理马铃薯种质资源。育种者通过对引进的种质资源进行综合研究和利用，以挖掘高产、高品质、抗病、抗逆的优良种质，将这些优良种质推广种植或作为有性杂交的亲本，获得明显的社会效益。例如，我国通过对引进的种质资源进行评价和筛选，成功培育出了抗旱性强、性状优良的马铃薯品种冀张薯 8 号，该品种已在我国大面积推广应用。另外，还有一些引进的国外品种，经过筛选和鉴定后，在我国的马铃薯产区被重命名或直接使用原品种名进行推广和利用，这些都是引进的马铃薯种质资源发挥了重要作用的示例。其他实例包括底西瑞、大西洋等品种（张姝鑫等，2019）。

（二）薯类作物种质资源作为杂交亲本材料利用

我国的甘薯杂交育种工作始于 20 世纪 40 年代。1940 年，杨洪祖等育种者首次成功地将人工促进甘薯开花结实技术应用于育种实践，并于 1943 年发表了国内第一篇有关甘薯有性杂交的论文《促进甘薯开花结实之初步报告》，为我国早期开展甘薯有性杂交育种奠定了基础。外部引进的资源对我国甘薯改良水平的快速提升起到了关键作用，特别是美国的南瑞苕和日本的胜利百号。从 1949 年开始，我国的育种研究者开始以这两个品种进行正反杂交，育成了一系列品种，如华北 117、华北 166、北京 553、北京 284、北京 169 等。在 20 世纪 60 年代初期，全国各地的育种单位以胜利百号和南瑞苕为亲本，选育出了一批高产、高品质、抗病的新品种。而在我国以这两个品种为核心亲本育成的甘薯品种中，以胜利百号为亲本的品种有 41 个，以南瑞苕为亲本的品种有 33 个。这些品种对中国的甘薯育种工作发挥了重要的作用。一些品种，如济薯 1 号、烟薯 1 号、湘农黄皮、5245、一窝红、栗子香等，直接由胜利百号和南瑞苕作为父母本选育而成，并且在我国的种植面积较大。胜利百号和南瑞苕作为亲本的间接利用也选育了一批优良的甘薯品种。其中，丰收白具有出色的丰产性能，徐薯 18、宁薯 1 号、宁薯 2 号、南京 92、烟薯 3 号等品种在高产和抗病性方面表现出色。这些品种对我国的甘薯产量增加产生了显著影响，特别是徐薯 18 的育成和推广对我国甘薯产量的大幅提升起到了重要作用（谢一芝等，2018）。四川在育种工作中，以南瑞苕为直接亲本选育出川薯 27 和胜南，同时以南瑞苕为间接亲本选育出川薯 73、川薯 164、川薯 294、川薯 34、川薯 20 等多个优良甘薯品种。这些成就受到了广泛认可。例如，川薯 27 获得了 1983 年四川省重大科技成果奖二等奖，胜南获得了 1989 年四川省科学技术进步奖三等奖，而川薯 34 则在 2010 年获得了四川省科学技术进步奖二等奖。值得一提的是，20 世纪 70 年代末，我国培育了著名的抗病、高产甘薯新品种徐薯 18，该品种是外引资源与地方品种相结合的杰出代表。徐薯 18 的出色表现开创了我国甘薯育种领域的新纪元，因其卓越的成就，于 1982 年荣获国家技术发明奖一等奖。据统计，我国约 94% 的甘薯育成品种具有南瑞苕和胜利百号的亲缘关系，从这两个亲本正反交的后代中选育的品种就有 31 个（陆国权，1992）。这限制了甘薯的遗传多样性，加大了遗传改良的挑战。为了提高育种质量，我国急需采取措施来扩展甘薯的遗传资源，以便更好地适应未来的需求和挑战。

赵冬兰等（2015）的研究表明，全国 25 个科研单位在"六五"以来育成的 254 个甘薯品种中，仅有 8.86% 的品种是以地方种质作为亲本。相比之下，约 47% 的品种与胜利百号或南瑞苕具有较近的血缘关系，这反映出外引资源对我国甘薯育种的重要性。这一现象在河南省的甘薯品种中也得到了验证，其中南瑞苕占据了遗传比例的 21.4%，胜利百号则占据了 19.3%。1990 年之前，南瑞苕和胜利百号以及它们的衍生品种主导着甘薯育种，其遗传比例达到了 50%（陆国权，1992）。苏薯系列的红心食用甘薯品种的遗传基因主要来自美国品种，而苏薯系列淀粉型甘薯品种则以苏薯 1 号、苏薯 2 号、徐薯 18、徐薯 22、南薯 99 和绵粉 1 号作为骨干亲本，这 6 个亲本基本与南瑞苕和胜利百号有亲缘关系。这些研究结果表明甘薯遗传背景狭窄，以及迫切需要引进更多的外部资源以拓展甘薯的遗传改良基础。其中，在以南瑞苕为亲本选育的品种中，大南伏综合了母本南瑞苕的高产、高糖、高维生素、短粗蔓、适应性广、耐水肥等特点，以及父本地下伏的高产、食味良好、中粗中长蔓、较耐旱瘠等特点。这些特点使其成为高产、稳产、优质的甘薯，具有良好的综合性状。浙薯系列的鲜食及加工型甘薯品种主要以宁薯1号、浙薯2号、苏薯2号等作为亲本进行杂交选育。这些骨干亲本与南瑞苕和胜利百号均有亲缘关系，其中栗子香的血缘主要来源于胜利百号和南瑞苕的衍生品种。在总共581个品种中，有超过60%的品种拥有南瑞苕或胜利百号的遗传背景，因此存在着较高的近亲繁殖系数。选择性状互补的材料作为亲本是一种常见策略，如南瑞苕和胜利百号之间具有互补性状。胜利百号具有抗茎线虫病和茎腐病、早熟、大块薯块的特点，但容易感染黑斑病和根腐病。南瑞苕则对茎线虫病和茎腐病敏感，结薯较迟，中抗根腐病和软腐病。通过两者的杂交选育，创造了30多个综合性状优良的品种。其中，华北5245、栗子香等品种经常被用作主推品种，也被广泛用作核心亲本，育成了更为优异的品种，如徐薯18等。

自20世纪80年代以来，我国利用从资源圃中挖掘出的优异种质作为亲本，先后育成了一系列甘薯优良品种，其中包括桂薯1号、桂薯2号、桂薯96-8、桂紫薯1号、桂粉1号、桂粉2号、东皇薯1号、桂粉3号、桂紫薇薯1号和桂薯10号等共计33个品种。这些育成品种在广西地区获得了广泛认可，其中"甘薯品种桂薯2号的选育"荣获1998年广西壮族自治区科学技术进步奖三等奖，"广西甘薯良种选育与示范开发"获得2007年广西壮族自治区科学技术进步奖三等奖。这些品种的培育和广泛推广应用对甘薯生产产生了积极的影响，取得了显著的经济、社会和生态效益。

为了促进甘薯育种，必须特别关注拓宽甘薯的遗传背景，这对于未来突破性的新品种选育至关重要。甘薯的近缘野生种是寻找新的高质量、抗病、抗逆等基因的重要资源之一。充分利用这些近缘野生种对于改进甘薯品种具有积极作用。早在20世纪70年代初，日本就成功利用甘薯近缘野生种（如K123）与甘薯进行杂交，选育出了高淀粉、抗病的品系，并于1975年成功培育出了南丰这一具有三浅裂野牵牛血统的品种。江苏省农业科学院自1977年起开始引进和利用近缘野生种材料，成功选育出一些杰出品系，如高产、高干率、高抗茎线虫病的H11-30。河北省农业科学院也通过将K123与甘薯进行杂交，成功培育出了高产的冀Y1、冀Y25等品系。此外，自1996年以来通过引入源自美国的三浅裂野牵牛实生苗，选育出了一系列新品种，包括冀薯98、冀薯99、冀薯71等。然而，由于大部分近缘野生种与栽培甘薯之间存在严重的亲和性差异，限制了野生优质资源在甘薯育种中的利用，体细胞杂交技术的应用为开拓利用野生优异资源提供了一条新的途径（唐君等，2009）。在过去的育种工作中，通常更注重高产、高淀粉含量，以及抗病性等性状，而较少关注富含甘薯黄酮、花青素、β-胡萝卜素、铁、锌、多糖蛋白、膳食纤维等优良特性资源的利用。特别是像特用甘薯西蒙一号这样的药用甘薯，其药用价值尚未得到充分开发和利用。随着社会的发展，甘薯育种的目标发生了实质性的改变，从过去的高产和优质转移到了特用和优异甘薯新品种的选育。

马铃薯普通栽培种表现出广泛的适应性、高产性、良好的薯形、抗晚疫病、抗疮痂病、抗青枯病、高淀粉、高蛋白、高维生素C、低还原糖等多种经济特性和形态特征，使其成为育种的主要亲本资源，并在种间杂交中用于改良其他种类中的不良性状。我国对于马铃薯种质资源的利用，一直采用边研究、整理，边有效利用的方案。1939年，杨洪祖从美国引进马铃薯自交种子66个系和18个杂交组合，在四川成都开展杂交育种工作。但当年遇晚疫病大发生，引进的马铃薯材料几乎全部损失。1940年，杨洪祖又从苏联引进16个马铃薯野生种，开始进行栽培种与野生种的杂交育种试验。获得了小乌洋芋等 37 个品种的自交系种子，以及峨眉白洋芋等 18 个品种的杂交种子，从中选出生产力较高的自交系 24 个，芽眼浅、薯形优异的品系 11 个。此外，还获得优良实生苗品系 19 个，其中 8 个品系获得较高产量（佟屏亚，1990）。通过对国内外收集的马铃薯种质资源的整理和鉴定评价，发现了一系列优质、抗病、抗逆、早熟、高产、适应性强、遗传性稳定的优良种质。这些优良种质的育种利用已经产生了显著效益。多年来，经过综合评价和筛选，已发现了一大批优异的马铃薯种质资源，其中包括火玛、白头翁、卡它丁、292-20、紫山药、米拉、小叶子、疫不加等。除了有少部分直接应用于生产，更多的种质资源被用于品种改良（张姝鑫等，2019）。据不完全统计，国内的育种单位已经利用上述种质资源成功选育和推广了超过 200 个优良品种，如东农 303、克新系列、中薯系列、春薯系列、坝薯系列、高原系列、内薯、晋薯、鄂薯、宁薯、郑薯系列等。同时，还创造了数百种不同特性的优良品系。为了克服普通栽培种基因狭窄问题，最近几年，各育种单位开始将马铃薯野生种和原始栽培种用于品种改良，并已取得显著成效。例如，东北农业大学等单位通过对安第斯亚种（*S. tuberosum* ssp. *andigena*）的某些无性系采用轮回选择方法进行群体改良，成功培育出高抗晚疫病、高淀粉、高维生素 C、高蛋白等多种特性的新型栽培品种，如东农 304、克新 11 号、内薯 7 号、中薯 6 号、尤金等 10 余个新品种。中国农业科学院蔬菜花卉研究所和南方马铃薯研究中心通过对野生种和原始栽培种的种间杂交鉴定，筛选出一批淀粉含量为 18%～22% 的材料。河北坝上地区农业科学研究所通过 *S. stoloniferum* 与栽培品种的杂交和回交，选育出了淀粉含量高达 22% 的坝薯 87-10-19。黑龙江省农业科学院马铃薯研究所则通过 *S. stoloniferum*、*S. acaule* 等与普通栽培种的杂交和回交，选育出了 40 多个抗病毒的材料。

我国自 20 世纪 40 年代开始进行马铃薯杂交育种以来，已经成功利用引进的种质材料、地方种质材料和其他资源培育出了近 200 个品种，同时创造了 300 多个不同特性的优良品系或中间材料。这一育种突破与引进和有效利用国外的优异马铃薯种质资源密切相关。据统计，在直接应用于马铃薯有性杂交的亲本资源中，国外资源占亲本总数的 90% 以上（刘长臣等，2010）。通过大量的杂交组合后代分析，引进种质资源如多子白、卡它丁、疫不加、米拉、白头翁、小叶子、紫山药、燕子、阿奎拉等，这些品种已被证明是在育种工作中具有协作力且具有重要利用价值的亲本。截至 2016 年底，我国共审定了 611 个马铃薯品种（包括国外引进品种），而近 45% 的品种源自 20 世纪引进的几个国外核心亲本品种及其杂交后代。中国农业科学院蔬菜花卉研究所的程天庆研究员根据统计数据分析，90 年代之前在我国育成的 93 个马铃薯品种中，有 23 个品种以多子白作为亲本，占总数的 24.7%；16 个品种以卡它丁作为亲本，占总数的 17.2%；14 个品种以疫不加作为亲本，占总数的 15%；米拉和紫山药各自为 8 个品种的亲本，分别占总数的 8.6%；7 个品种以小叶子作为亲本，占总数的 7.5%；而以白头翁作为亲本的品种为 6 个，占总数的 6.5%。这些材料在马铃薯新品种的选育中发挥了巨大的作用（刘长臣等，2010）。

通过使用引进的马铃薯原始栽培种和野生种，采用轮回选择、自交以及种间杂交等多种方法，已成功创造和筛选出了适应我国自然条件的新型栽培品种、优良亲本材料，以及具备特殊用途的遗传材料。例如，通过使用引进的安第斯种和亚种的种子，并经过轮回选择，已选出一批对晚疫病具有高度水平抗性、高淀粉含量等特性的新型栽培品种的无性系。

此外，通过将富利亚薯、恰苛薯、角葶薯、落果薯、无薯系等原始栽培种和野生种与普通栽培种进行杂交，经过种间杂交的鉴定，已筛选出了高淀粉含量、抗马铃薯 PVX、PVY 和晚疫病的无性系。通过使用从荷兰引进的 IVP35 和 IVP48，经过自交，成功筛选出了具有高频率诱导双单倍体的授粉者，如 NEAP-16、NEAP-19、D-2-1、D-5-1 等（刘长臣等，2010）。这些特殊遗传材料的创造，进一步丰富了我国马铃薯育种亲本的遗传基础，为我国马铃薯育种提供了更多的资源和可能性。

近年来，随着二倍体马铃薯全基因组测序的完成，二倍体 F₁ 代实生种子育种已成为国内外研究的热点。然而，部分二倍体马铃薯存在自交不亲和性问题，这一问题限制着二倍体马铃薯实生种子的生产和推广。现有的研究表明，我国科学家已经开始利用基因组编辑技术来解决二倍体马铃薯的自交不亲和性难题。随着对二倍体马铃薯研究的不断深入，已初步建立了二倍体马铃薯栽培种的高效遗传转化体系，这将有望大大发挥马铃薯种质资源的潜在利用价值（云南师范大学马铃薯科学研究院，2022）。

二、薯类作物种质资源产业化情况

四川在我国薯类作物生产中具有重要地位，甘薯和马铃薯是仅次于水稻、小麦和玉米的重要粮食作物。然而，近年来，随着农村劳动力大量进城务工，生猪散养量严重减少，导致饲用甘薯的种植面积和总产量明显下降。从 21 世纪初期的 1400 多万亩锐减到目前的不足 1000 万亩，鲜甘薯总产量也从 1800 多万吨锐减到目前的近 1000 万 t。尽管如此，四川仍然是全国甘薯生产最大的省份，2016 年，四川的甘薯种植面积为 715.20 万亩，总产量为 1044.0 万 t，单产为 1459.5kg/亩，均居全国首位。2015～2019 年，四川的甘薯种植规模基本保持稳定，种植面积稳定在 705 万亩以上，鲜甘薯总产量也稳定在 1000 万 t 左右（卢学兰和崔阔澍，2019）。同时，四川也是我国马铃薯的主要产区。各级政府的支持促进了四川马铃薯产业的发展，使其成为农业增产和农民增收的重要支柱产业。到 2016 年，四川的马铃薯种植面积为 1210.5 万亩，总产量为 1611.5 万 t。目前，四川的甘薯和马铃薯种植总面积达到了 1900 多万亩，总产量超过 2700 万 t。其中，马铃薯种植面积为 1095.9 万亩，总产量为 1445.5 万 t，而甘薯的种植面积为 875.7 万亩，总产量为 1283.5 万 t。四川的甘薯面积和产量多年来一直名列全国第一，且马铃薯的种植面积和产量也自 2012 年起连续多年稳居全国第一。目前，四川凉山地区已建成了全国最大的绿色食品原料马铃薯标准化生产基地，占地面积达 152 万亩。全省的马铃薯标准化生产基地总面积接近 200 万亩。

四川的甘薯种植主要分布在海拔 300～700m 的丘陵地区，通常每年收获一季，主要用途是加工和作为饲料（占 60% 以上），其次是鲜食和种薯。长期以来，产区的农户已经形成了传统的窖藏方式，利用冬季的自然低温，通过各种地下和半地下的岩窖、井窖以及在自家住房等场合进行薯类作物贮藏，在一定程度上满足了产业发展和消费需求。鲜薯贮藏一般从 10 月下旬开始，一直持续到翌年 3 月。而四川的马铃薯则呈现垂直分布的特点，从平坝河谷地区延伸到低山、中高山地区（海拔 1500m 以上），形成了多样化的栽培模式，可实现周年生产和周年收获。马铃薯的主要用途是鲜食（占 65%），其次是加工（占 13%）、作为饲料（占 10%）和种薯（占 12%）（谢江等，2014）。在马铃薯生产中，春季收获的马铃薯通常是贮藏的主要对象，主要分布在盆周山区和川西南山区。根据不同的海拔和地区气候条件，一般从 6~9 月的收获季节开始贮藏，持续到翌年 1~2 月。马铃薯种薯也是马铃薯生产的重要环节之一，需要依赖适当的贮藏设施和调控手段来完成。

甘薯和马铃薯精制淀粉的加工已经成为食品工业、烹饪和食品制造的重要原料来源。多年来，通过广泛应用现代工艺技术和相关设备，如薯块刨丝破碎、酸浆分离、全旋流精炼提纯、循环洗涤、气流干燥，以及粉条涂布成型、连续老化、真空保鲜等方法，四川的甘薯和马铃薯淀粉粉条加工产业取得了快速发展。特别是在资阳、绵阳、凉山等地，这一产业得到了显著发展。在这个过程中，甘薯和马铃薯的精制淀粉与粉条加工已经实现了从农户初加工到专业合作社和大型加工厂的精细配合。这种模式形成了从鲜薯到"粗淀粉—精制淀粉—粉条（快餐粉丝）"的产业化加工体系和特色价值链。通过这一过程，成功开发了一系列产品，包括经过工业化改造的传统热水熟化成型手工工艺产品，如劲道火锅粉条、杂粮粉丝、保鲜粉皮（马代夫等，2012），以及采用涂布成型新技术生产的产品，如紫薯水晶粉丝、快餐粉丝、变性淀粉等系列产品。这些加工技术和设备已经被广泛应用于四川省内外，带来了显著的社会经济效益。此外，四川的淀粉和粉条加工成套设备已成功输出到东南亚、非洲等 20 多个国家和地区，并进行了广泛的交流合作和技术指导。

甘薯和马铃薯小食品加工主要包括鲜切马铃薯炸片、炸条、甘薯炸片、炸条等产品。此外，还有利用鲜薯、淀粉、红心薯和紫薯全粉以及薯泥开发生产的小食品，如蛋苕酥、紫薯饼干、面包、曲奇等。这些小食品保持了鲜薯的独特风味和丰富营养成分，逐渐融入主食产品中，需求量逐年增加，具有巨大的发展潜力（朱永清等，2016）。甘薯全营养粉加工的一大优势在于不产生废水和废渣，同时保留了鲜薯中的独特维生素、膳食纤维、花青素等营养保健成分和风味。因此，这个领域在薯类加工中具有重要地位和发展潜力。自2009 年以来，通过对甘薯（紫薯）全营养粉加工关键新技术和相关设备的研究，培育和引进了适合加工的紫薯专用品种，建立了加工原料的示范种植基地和加工基地，进行了从贮藏到全粉加工的新技术设备的研究与开发，形成了甘薯全粉及其应用的新产品。四川拥有大量中小型淀粉、粉条和甘薯全粉加工企业，其中的技术水平和产值较高，为这一产业的发展作出了积极贡献（黄钢等，1998）。

四川的甘薯和马铃薯种薯以及鲜食薯的贮藏主要由农户和专业合作社进行。在加工领域，经过多年的发展，已经形成了从精制淀粉、粉条、特色方便小食品到甘薯全营养粉及其系列应用产品的产业化加工体系。这些加工产品和相应的成套加工设备也已成功进入国际市场。但目前四川的薯类加工比例仍相对较低，马铃薯主要用作鲜食，且甘薯的很大一部分仍然直接用作饲料。而加工产品主要包括粗淀粉、粉丝等初级产品。这表明在薯类加工领域，仍然存在发展的空间和潜力，可以进一步提高产品附加值和多样性，满足市场需求。

四川的马铃薯加工业起步相对较晚，以往主要集中在淀粉加工方面。然而，自 2015 年四川被纳入国家马铃薯主食化加工试点以来，马铃薯加工取得了显著成就。平均每年建设的马铃薯标准化生产基地面积已达到 200 万亩以上，四川在马铃薯主食化方面处于西部地区的领先地位。四川在马铃薯加工领域实现了两项关键技术突破和 11 项技术创新，将加工率从不到 4% 提高到 13% 以上，比亚洲平均水平高出 2%。四川已经开发了超过 34 种马铃薯主食产品，包括土豆面条、土豆馒头、土豆糕点等 30 多种主食，同时也在进行品牌打造和主食开发（黄钢等，1998）。例如，生产土豆馒头的四川紫金都市农业有限公司，如今也开始生产紫薯丁、红薯初粉等产品。同时四川米老头食品工业有限公司、绵阳仙特米业有限公司等也开始围绕薯片、面条等产品进行探索，不断推出新的产品。至于甘薯加工，因起步较早，全省每年加工鲜薯约 300 万 t，主要包括淀粉、粉丝粉条、乙醇、方便小食、紫薯全粉等产品。目前，四川已有近 20 家规模较大的马铃薯加工企业，其中包括 13 家主食产品加工企业，以及近 10 家规模较大的红薯加工企业。一些品牌如凉山马铃薯、万源马铃薯、空山马铃薯等已成为国家地标农产品（崔阔澍等，2023），同时，光友粉丝、白家粉丝、陈振龙紫薯片等红薯加工产品，以及遂宁 524 等鲜薯品牌也在市场上具有一定的核心竞争力。

第八章

四川豆类作物种质资源多样性及其利用

第一节 豆类作物种质资源基本情况

豆类作物在四川粮、菜、饲业组成中占有重要地位，尤其在贫困丘陵山区是蛋白质的主要来源，也是种植业结构调整中重要的间、套、轮作和养地作物，在可持续农业发展和人民的食物结构中有着重要影响。我省豆类作物种类较多，主要包括大豆、蚕豆、豌豆、绿豆、小豆、普通菜豆、豇豆、饭豆等。《中国统计年鉴2022》数据显示：2017～2021年，四川豆类作物年种植面积为771万～922.5万亩，年总产量为119.2万～143.5万t，单产为154.3～155.5kg/亩，生产水平提升较为缓慢（图8-1）。

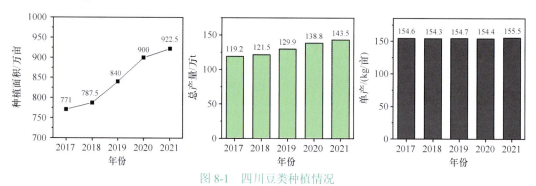

图 8-1 四川豆类种植情况

一、大豆种质资源基本情况

大豆一般指栽培大豆（*Glycine max*），其与野生大豆（*Glycine soja*）是大豆属 *Soja* 亚属最重要的两个亚种，占现存大豆种质资源的90%以上（Abe et al.，2003）。栽培大豆由一年生野生大豆驯化而来，主茎发达、秆强抗倒、叶片宽大、种皮多为黄色、百粒重约20g。据记载，在神农时期（约公元前2550年），大豆作为"五谷"之一被广为种植。《诗经·大雅·生民》中记载了周始祖后稷种植大豆的情形："荏之荏菽，荏菽施施"。"荏菽"即大豆。大量的考古发现证明中国是栽培大豆的起源地，早期出土的大豆考古遗存主要分布在中国的北方地区。新中国成立以来，在黑龙江省宁安市、吉林省永吉县发现了2600～3000年前的炭化大豆遗存，在内蒙古夏家店下层文化聚落遗址发现距今3500～4000年的炭化大豆，在洛阳皂角树遗址发现距今3600～3900年的炭化大豆籽粒。说明数千年前，大豆就被先民认识和广泛种植（考古发现中的大豆遗存，https://new.qq.com/rain/a/20220902A07CNL00）。

中国是世界公认的大豆起源国，但具体起源于我国何地，目前学术界还没有定论，有黄淮地区起源说、南方起源说、东北起源说、多中心起源说等（张丽等，2010）。中国种植大豆历史有5000多年，经过持续不断的驯化和改良，我国积累了丰富多样的大豆种质资源。1956年、1979年和1990年，我国先后组织了三次全国范围的大豆种质资源收集，共收集和保存栽培大豆种质资源23 587份。2015年之后又进行了补充征集。迄今，国家农作物种质资源库中保存的大豆种质资源已有4.3万余份（韩天富等，2021）。

我国广泛分布着野生大豆资源。随着国家基本建设及城市化进程的加快，野生大豆的生存环境有所恶化。国家高度重视大豆种质资源保护工作，除了将野生大豆全面收集保存于国家农作物种质资源库长期库进行异位保护，农业农村部对集中分布区濒危状况严重的野生大豆居群进行了原位保护，共在17个省（市）建设原位保护区49个。这些保护区建有隔离设施、警示设施、看护设施、防火排灌设施、繁育设施、水电设施、仪器设备等，有效保护了野生大豆的遗传多样性。

四川常年种植大豆468万～565.5万亩，单产152.9～159.2kg/亩，总产量74.5万～88.8万t，种植区域包括川东丘陵地区、川西平原地区、川西高原地区，分别占全省种植面积的73.2%、14.9%、11.9%（张明荣等，2007）。四川是大豆种质资源最为丰富的地区之一，省内相关单位共保存大豆种质资源6000余份，编入国家目录2000余份，居全国第二。种植较多的大豆地方种和老品种主要为武隆六月黄、石柱猪腰子（又名"白毛豆"）、成都田坎豆（又名"白水豆"）、大邑三角豆、雅安黄壳豆、犍为泉水豆、筠连大小白水豆、荥经羊城豆、安县六月黄、青川花黄豆、马边猴儿豆、雷波小黄壳、巴塘竹巴黄豆、雅江八依绒黄豆（四川省地方志编纂委员会，1996），主要育成品种包括四川省农业科学院作物研究所选育的"成豆系列"、南充市农业科学院选育的"南豆系列"及自贡市农业科学研究所选育的"贡豆系列"，主要种植模式包括净作、大豆‖玉米间作、果树/大豆套作等。

二、蚕豆种质资源基本情况

蚕豆（*Vicia faba*），别名胡豆、佛豆、罗汉豆、大豆等，英文名主要有broad bean和faba bean。染色体$2n=12$，但在日本种植的蚕豆中发现有$2n=14$。蚕豆属于豌豆族（Vicieae）野豌豆属（*Vicia*）植物中的一个栽培种。蚕豆是古老的栽培植物之一，新石器时代的瑞士"湖滨居地遗址"中发现有蚕豆炭化种子，古希腊人、古罗马人和地中海沿岸诸国早有蚕豆种植。蚕豆的起源地比较广阔，一般认为从里海南部到伊朗是栽培种小粒系蚕豆的起源地，地中海沿岸及非洲北部是栽培种大粒系蚕豆的起源地。中国有关蚕豆的记载，最早出现在西汉，《太平御览》里曾有"张骞使外国得胡豆归"的记载。三国时代张揖撰《广雅》中有"胡豆"一词，1057年北宋宋初撰《益都方物略记》中记载："佛胡，豆粒甚大而坚"。

全世界一共有3.6万余份蚕豆资源得到妥善保存。其中，国际干旱地区农业研究中心（International Center for Agricultural Research in the Dry Areas，ICARDA）保存了来自全世界71个国家的1万余份蚕豆资源，占世界保存蚕豆资源的28%，居世界第一，且其中有很大一部分是独有资源。中国由于种植历史悠久，地势、气候、土壤等生态条件差异悬殊，加上长期的自然和人工选择，形成了丰富多彩的蚕豆品种资源（包世英，2016）。国家作物种质库保存的国内外蚕豆种质资源有 6000 余份，其中，65% 为国内地方品种和育成品种，35% 为引进的国外资源。蚕豆资源较多的省（区）有浙江、云南、四川、湖北、甘肃、安徽、湖南、贵州、山西及内蒙古，其次为江苏、江西、陕西、福建、西藏等省（区），而青海、河南、河北、广西、新疆、宁夏等省（区）较少。

四川蚕豆种植面积约为 210 万亩，总产量约为 30 万 t，播种面积仅次于云南，居全国第二。种植区域包括川东北高产种植带、川中南高效高产种植带和川西北春播种植带，86.1% 为秋播、13.9% 为春播，达州、南充、广安、资阳、泸州、凉山等地年种植面积均在 10 万亩以上。目前，四川省内相关单位共保存蚕豆种质资源 1400 余份。蚕豆种植较多的地方种和老品种主要为大白胡豆、二板子胡豆、米胡豆、白皮胡豆、青胡豆、阳亭大白等，主要推广品种为四川省农业科学院作物研究所选育的成胡系列品种，主要种植模式为净作、林下套作、蚕豆/玉米套作、蚕豆+玉米+甘薯间套作等。目前，蚕豆产业结构逐渐从干籽粒向鲜食转变，干籽粒需求供给不足。蚕豆干籽粒主要用作良种、加工原料和饲料，其中加工原料主要用于生产郫县豆瓣，名优企业鹃城、丹丹、川老汇等年需蚕豆干籽粒近 30 万 t，每年需从外省调入大量蚕豆作为生产原料。

三、豌豆种质资源基本情况

豌豆（*Pisum sativum*），英文名为 pea、field pea 和 garden pea，是春播一年生或秋播越年生攀缘性草本植物，因其茎秆攀缘性而得名，又名麦豌豆、雪豆、毕豆、寒豆、冷豆、麦豆、荷兰豆（软荚豌豆）等，属于长日性冷季豆类，种子在田间出苗时子叶留土。豌豆属（*Pisum*）为豆科（Leguminosae）蝶形花亚科（Fabaceae）野豌豆族（Viceae）下 5 个属中的一个，人们普遍认为豌豆属由豌豆栽培品种（*P. sativum*）和野生种（*P. fulvum*）两个种组成。染色体 $2n=14$。豌豆起源于数千年前的亚洲西部、地中海地区和埃塞俄比亚、小亚细亚西部，外高加索全部。伊朗和土库曼斯坦是其次生起源中心。在中亚、近东和非洲北部还有豌豆属的野生种地中海豌豆，这个种与现在栽培的豌豆杂交可育，可能是栽培豌豆的原始类型。

豌豆大概在隋唐时期经西域传入中国，而后从中国传入日本。豌豆在中国的栽培历史有 2000 多年，并早已遍及全国。汉朝以后，豌豆在一些主要农书中均有记载，如三国时期张揖所著的《广雅》、宋朝苏颂的《本草图经》记载着豌豆植物学性状及用途；元朝《士祯农书》讲述过豌豆在中国的分布；明朝李时珍的《本草纲目》和清朝吴其浚的《植物名实图考长编》对豌豆在医药方面的用途均有明确记载。

世界上豌豆种植面积较大的国家，如加拿大、法国、澳大利亚、美国、俄罗斯、印度，都十分重视种质资源的收集保存和深入研究工作。ICARDA 也开展了豌豆属资源的收集和研究工作。目前，国家作物种质库共收集保存国内外豌豆种质资源 1 万余份，其中 80% 是国内地方品种、育成品种和遗传稳定的品系，20% 来自澳大利亚、美国、法国、英国、俄罗斯、匈牙利、德国、尼泊尔、印度和日本等国。经过近 20 年的种质资源科技攻关研究，我国已对保存的所有种质资源进行了农艺性状鉴定，对部分资源进行了抗病性、抗逆性和品质性状鉴定，并从中初步筛选出了部分优异种质用于品种改良和直接推广利用，取得了显著的社会和经济效益。

　　四川豌豆种植面积约为190万亩，总产量约为24万t，面积、产量仅次于云南，居全国第二。种植区域包括川东北高产种植带、川中南高效高产种植带和川西北春播种植带，达州、南充、广安、资阳、凉山等地年种植面积均在10万亩以上。目前，四川省内相关单位共保存豌豆种质资源2000余份。豌豆种植较多的地方种和老品种主要为麻豌豆、大白豌豆、青豌豆、菜豌豆、小白豌豆、金豌豆等，主要推广品种为四川省农业科学院作物研究所选育的"团结豌系列""成豌系列""食荚大菜豌系列"等品种，主要种植模式为净作、林下套作、豌豆‖小麦间作等。豌豆产业结构逐渐从干籽粒向鲜食转变，干籽粒主要用作良种、加工原料和饲料，其中加工原料主要用于生产粉丝、豌豆淀粉、休闲食品等，省内暂无豌豆名优企业。目前，本省豌豆产业暂无相关农业政策支持。

四、其他豆类作物种质资源基本情况

　　四川其他豆类作物种植面积约为80万亩，单产约为90kg/亩，主要包括绿豆、小豆、豇豆、饭豆、普通菜豆、黎豆等（图8-2～图8-4）。绿豆种植区域主要在川东丘陵地区，占全省种植面积的80%以上。其他豆类作物主要种植模式有少量净作、幼龄果树套作，品种

图8-2　绿豆（A）、小豆（B）、豇豆（C）

图8-3　饭豆（A）和普通菜豆（B）

主要为地方品种、省外引入品种。目前，四川省内相关单位共保存其他豆类作物种质资源2000余份。据统计，四川绿豆常年播种面积约为17.70万亩，总产量约为2.4万t；红小豆播种面积为1.95万亩，总产量为0.2万t。四川芸豆产区主要在雅安地区、凉山州，分布在海拔1000m以上的山区，出产大白芸豆、小白芸豆，年总产量超过1万t（叶茵，2003）。

图8-4　黎豆的茎、叶、花（A）及嫩荚果（B）

第二节　豆类作物种质资源的分布和类型

一、大豆种质资源的分布和类型

（一）大豆种质资源分布

大豆种质资源包括地方品种、推广品种、引进品种、具有某些性状的品系、特殊材料，以及野生大豆和半野生半栽培大豆。中国各地保存的大豆地方品种约1.7万份，野生大豆和半野生半栽培大豆5000余份，国外引入品种1万份。设在中国台湾省的亚蔬-世界蔬菜中心，收集保存约1万份大豆种质资源。美国保存的栽培品种和野生大豆为1万份左右，日本保存的大豆品种资源为4000多份。

在"第三次全国农作物种质资源普查与收集行动"中，四川收集保存大豆种质资源716份，其分布呈现"东多西少"的趋势。地理垂直分布发现，分布海拔为140～2930m，其中在海拔500～1000m的地区大豆种质资源分布最多，为260份（图8-5），收集到的大豆种质资源大部分为农户自留的地方品种。地理水平分布表明，所有大豆种质资源收集地点的经度跨度为101.1456°E～108.4313°E，纬度跨度为26.3302°N～33.3448°N，在102°E～104°E、28°N～30°N区域内的大豆种质资源最多，分别为309份、303份（图8-5）。716份大豆种质资源分别来自全省21个市（州）127个县（市、区），在雅安市收集的大豆种质资源最多，为108份，其次是乐山市（94份）；在德阳市收集的种质资源最少，仅有1份（图8-6）。

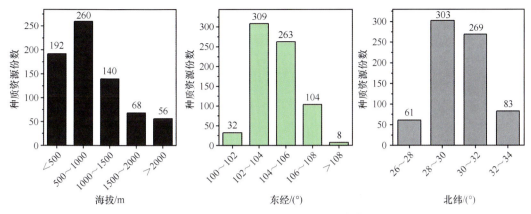

图 8-5　四川大豆地方种质资源的分布情况

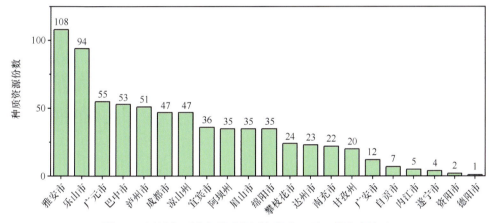

图 8-6　四川大豆地方种质资源在各市（州）的分布情况

（二）大豆种质资源类型

大豆种质资源类型包括一年生野生种、多年生野生种、地方品种、育成品种、品系、遗传材料等六类。我国大豆以播种期进行分类，可分为春大豆型、夏大豆型、秋大豆型、冬大豆型。北方春大豆型主要分布于东北三省，河北、山西中北部，陕西北部及西北各省（区），4～5 月播种，9 月左右成熟；黄淮海春大豆型 4 月下旬至 5 月初播种，8 月底至 9 月初成熟；长江春人豆 3 月底至 4 月初播种，7 月成熟；南方春大豆型 2 月至 3 月上旬播种，6 月中旬成熟。黄淮海夏大豆型 6 月播种，9 月至 10 月初成熟，耕作制度为麦豆轮作的一年两熟制或两年三熟制，主要分布于黄淮平原和长江流域各省；南方夏大豆型 5～6 月播种，9 月底至 10 月成熟。秋大豆型 7 月底至 8 月初播种，11 月上中旬成熟，大豆收获后再播种冬季作物，形成一年三熟制，浙江、江西的中南部、湖南的南部、福建和台湾种植秋大豆型较多。冬大豆型主要分布于广东、广西及云南的南部。这些地区冬季气温高，终年无霜，春、夏、秋、冬四季均可种植大豆，但播种面积较小。大豆除按播期、结荚习性进行分类外，还可根据其用途、种皮颜色、子叶颜色、粒形和籽粒大小等特征进行分类。

二、蚕豆种质资源的分布和类型

我国地方品种较多的省份有浙江、云南、安徽和湖北，其次是四川、湖南、内蒙古、江苏、陕西、山西、江西等；福建、新疆、广西等地最少，东北地区、海南等省（区）基本无蚕豆资源（小杂粮科普之十二——蚕豆，http://mp.weixin.qq.com/s?__biz=MzU3NzQ1MTc4NQ==&mid=2247484117&idx=5&sn=dddde35c64617c21b3a4ed009d0346ec&chksm=fd0520b3ca72a9a5a9e693ac59d84be928a69456aec817a3337885bb1c81fec531faf30c7352#rd）。育成品种较多的省份有四川、青海、云南、甘肃、江苏，引进品种资源多数来自 ICARDA。从全国蚕豆资源类型的分布上看，大粒型多分布在四川西部、新疆、青海、甘肃；中粒型多分布在四川东部、云南、贵州、浙江、江苏和上海；小粒型以山西、陕西、湖北、重庆、内蒙古和广西等省（区）为多（叶茵，2003）。由于区位特点，青海省保存了国家种质资源库的备份。

四川在"第三次全国农作物种质资源普查与收集行动"中新收集保存蚕豆种质资源 353 份，其分布情况如图 8-7 所示。地理垂直分布表明，在海拔低于 500m 的地区蚕豆种质资源分布最多，为 126 份，其次是 500～1000m 的地区，收集到蚕豆种质资源 117 份。地理水平分布分析发现，蚕豆种质资源收集地点的经度跨度为 97.9958°E～108.3886°E，纬度跨度为 26.2956°N～34.1608°N，在 104°E～106°E、30°N～32°N 区域内的蚕豆种质资源最多，分别为 114 份、182 份（图 8-7）。353 份蚕豆资源从全省 21 个市（州）102 个县（市、区）收集而来。在阿坝州收集的蚕豆种质资源最多，为 41 份，其次为巴中市（34 份）；在资阳市收集的种质资源最少，仅有 1 份（图 8-8）。

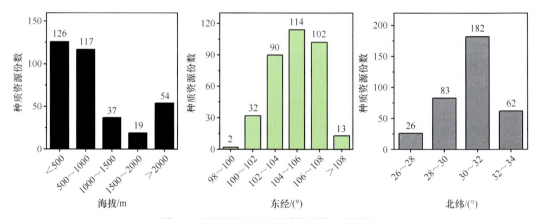

图 8-7　四川蚕豆地方种质资源的分布情况

中国蚕豆在生产上分为秋播区和春播区，秋播区的地理位置为 21°N～33°N、98°E～122°E，秋播蚕豆面积占全国蚕豆播种面积的 80%；春播区的蚕豆种植面积只有 20%，但其分布的范围比秋播区大得多，其地理位置为 31°N～46°N、90°E～122°E，涵盖四川西部、西藏以及云南西北部地区。

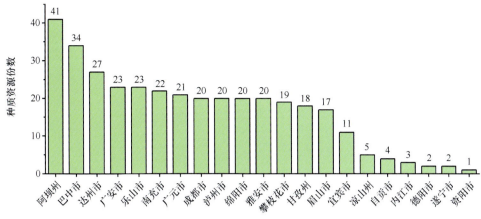

图 8-8　四川蚕豆地方种质资源在各市（州）的分布情况

（一）秋播生态区各亚区的气候生态和资源特点

1. 长江流域秋播生态亚区

本亚区蚕豆生长季节内≥0℃积温为 2300～3000℃。除四川东部多雾、日照时数略少外，其他地方都有充足的日照条件。一般蚕豆在 10 月上旬到 11 月上旬播种，翌年 4 月中旬到 5 月下旬收获。生育期 150～235 天，平均 205 天。

本亚区内的蚕豆品种资源，株高最矮为 30cm，最高达 150cm，一般为 50～110cm，平均 94.5cm；有效分枝数 2.5～4.8 个，平均 3.9 个；单株荚数最少为 3 个，最多为 68 个，一般为 12～24 个，平均 17.8 个；荚长 3.5～9.0cm，一般为 6～8cm；每荚粒数 1.0～3.8 粒，多数为 1.7～2.2 粒，平均 1.9 粒；百粒重的变幅为 35～170g，一般为 60～95g，平均 76.8g。本亚区的一大特点是品种资源以中粒型为主。

2. 华南秋播生态亚区

本亚区是中国蚕豆资源分布最南边的一个生态亚区，属于亚热带湿润季风气候。在蚕豆生育期内，天气暖和，极少有霜冻，≥0℃积温达 2500～3000℃，降水量充足，日照时数较长江流域秋播生态亚区内的大多数省份少。本亚区内的蚕豆在 11 月下旬播种，翌年 3 月中旬到 4 月中旬收获，生育期 96～160 天，多数为 110～140 天，平均 116 天。

本亚区的蚕豆资源，株高 30～60cm，多数为 40～46.8cm，平均 41.2cm，植株矮小是本亚区蚕豆资源的一个特点。单株有效分枝数多为 10～25 个，平均 21 个；单株荚数为 4～16 个，一般为 6～10 个；每荚粒数 1～3 粒，一般为 2.0～2.2 粒，平均 1.8 粒；百粒重 42～80g，多数为 45～70g，平均 54.1g；以小粒型品种为主，占 64%，这是本亚区蚕豆资源的又一特点。

3. 陕南秋播生态亚区

本亚区的范围很小，仅限于陕西省秦岭以南的地区和甘肃省东南部，本亚区南部为大巴山，中间为汉水谷地和汉中盆地，属于亚热带湿润季风气候，冬季比较暖和，但温度不高，适合蚕豆生长发育。蚕豆生育期间积温达 2300℃以上，日照充足，降水量略少。

本亚区有以下 4 个特点：一是播种早，收获最迟，蚕豆播种期为 9 月底到 10 月初，翌年 5 月下旬到 6 月初成熟。二是单株荚数最多，单株荚数 23～94 个，平均 58.6 个；株高 65～130m，平均 95cm。三是籽粒小，百粒重低，每荚粒数 1.4～3.6 粒，一般为 1.7～2.2 粒，平均 2.0 粒；百粒重 32～78g，平均 53.8g；以小粒型为主，占该亚区总资源数的 92%，中粒型占 8%，没有大粒型。四是成熟时绿色种皮的籽粒占该亚区资源总数的 88.9%，是秋播蚕豆亚区内最高的。

（二）春播生态区各亚区的气候生态和资源特点

1. 北方春播生态亚区

在本亚区内，河北和山西两省北部为高寒区，中部比较温和，属于温带-暖温带半湿润半干旱大陆性季风气候；内蒙古和宁夏两个自治区东西跨度很大，在地形上属于蒙古高原，自东北向西南跨湿润—干旱 4 个干湿区，主要为温带大陆性气候，甘肃省中、北半部也属于此亚区。

本亚区蚕豆生长季节内≥0℃积温一般可达 2400～2800℃，日照时数约为 1400h，降水量在 350mm 以下，种植蚕豆需要灌溉。蚕豆播种期为 4 月上旬到 5 月上旬，7 月上旬到 8 月上旬成熟。多数蚕豆资源株高 50～90cm，平均 68cm；单株荚数 6～18 个，平均 9.6 个；百粒重普遍较小，变幅为 31～130g，一般为 62～70g，平均 69g，表明该亚区的蚕豆资源以小粒型为主，中、大粒型极少。

2. 青藏春播生态亚区

本亚区主要属于青藏高原和黄土高原，范围广，地形和地势复杂，气候类型较多。西藏为高原性气候，青海为大陆性高原气候；四川东半部为温带、亚热带高原气候，气温低而日照强烈，降水量较多，甘肃南部为温带湿润和半湿润区。蚕豆在本亚区内主要栽种在海拔 800～2500m 的小平原、谷地和低山区。这些地区的气候特点是春寒夏凉，蚕豆生长季节内积温 2000～2400℃，日照时数为 1450～1500h，降水量为 250～350mm，需要灌溉。

本亚区的蚕豆于 3 月中下旬播种，8 月中下旬成熟，生育期 140～170 天，多数品种为 150～165 天。株高 50～180cm，多数为 120～130cm，平均 123cm；单株结荚数 8～73 个，多数为 17～28 个，平均 23 个；每荚粒数 1.0～4.1 粒，一般为 1.6～3.0 粒，平均 2.2 粒；百粒重 60～200g，多数为 120～180g，平均 144g，是全国 5 个生态亚区中百粒重最高的一个。本亚区内蚕豆资源的种皮约 95% 为乳白色，且易褐变，无绿色种皮资源。

三、豌豆种质资源的分布和类型

根据统计数据，2013 年全球各个国家、国际农业研究磋商组织、世界末日种子库等 171 个机构保存了 98 947 份豌豆种质资源，其中世界末日种子库保存的豌豆种质资源份数居世界第一。自 1978 年起，我国有计划、有组织地开展了豌豆种质资源研究工作，经初步鉴定编目的豌豆资源有 1 万余份，这些品种资源主要来自四川、云南、青海、甘肃、北京、山西、宁夏、新疆、内蒙古、辽宁、吉林、黑龙江、河南、江苏、江西、湖北、湖南、贵州、广西和陕西，其中春播区的资源占资源总数的 52%，秋播区的资源占资源总数的 48%（小杂粮科普之十三——豌豆，http://mp.weixin.qq.com/s?__biz=MzU3NzQ1MTc4NQ==&mid=

2247484126&idx=5&sn=2ce61e50f638ca99afefbc56f75613e0&chksm=fd0520b8ca72a9aeedec5b
a9a61c321295ca3d13195393a2e8c45f270dabea8af55ba6f94e45#rd）。

　　四川在"第三次全国农作物种质资源普查与收集行动"中新收集保存豌豆种质资源
533 份，其分布情况如图 8-9 所示。地理垂直分布表明，在海拔 500～1000m 的地区豌豆
种质资源分布最多，为 157 份，其次是海拔低于 500m 的地区，为 144 份。地理水平分
布分析表明，豌豆种质资源收集地点的经度跨度为 97.6269°E～108.3754°E，纬度跨度为
26.2956°N～34.11712°N，在 104°E～106°E、30°N～32°N 区域内的豌豆种质资源最多，分
别为 158 份和 261 份（图 8-9）。533 份豌豆种质资源从全省 21 个市（州）110 个县（市、
区）收集而来，在甘孜州收集的豌豆种质资源最多，为 80 份；其次为广元市（58 份）；在
自贡市收集的豌豆种质资源最少，仅有 1 份（图 8-10）。

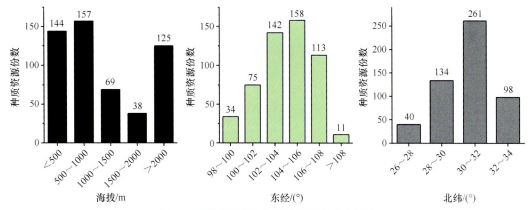

图 8-9　四川豌豆地方种质资源的分布情况

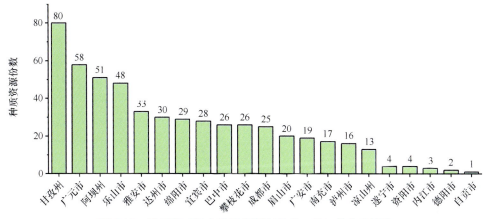

图 8-10　四川豌豆地方种质资源在各市（州）的分布情况

　　中国国家种质资源库有正常叶豌豆、半无叶豌豆、无须豌豆、荷兰豆、甜脆豌豆等各
种类型的种质资源。不同地理来源与用途的资源表现出丰富的多样性。对随机选取的 1317
份豌豆种质资源进行来源地调查。数据表明，其中 1091 份来自国内，225 份来自国外，1
份来源地不明。今后需要继续加强豌豆资源国外引种工作，逐步扩大国外豌豆种质资源的
数量和比例。在 1091 份国内豌豆资源中，包含四川、青海、甘肃、安徽、广西、贵州、海
南、河北、河南、湖北、湖南、江苏、江西、辽宁、内蒙古、宁夏、山东、山西、陕西、

上海、西藏、新疆、云南、重庆，共计 24 个省份 159 个地级市 460 个县，可见我国豌豆地理分布十分广泛，种质资源非常丰富。

中国豌豆在生产上分为春豌豆区和秋豌豆区。春豌豆区包括青海、宁夏、新疆、西藏、内蒙古、辽宁、吉林、黑龙江及甘肃西部和陕西、山西、河北北部，一般 3～4 月播种，7～8 月收获。秋豌豆区包括四川、云南、贵州、河南、山东、江苏、浙江、湖北、湖南及甘肃东部和陕西、山西、河北南部等长江中下游、黄淮海地区，一般 9 月底或 10 月初至 11 月播种，翌年 4～5 月收获（小杂粮科普之十三——豌豆，http://mp.weixin.qq.com/s?__biz=MzU3NzQ1MTc4NQ==&mid=2247484126&idx=5&sn=2ce61e50f638ca99afefbc56f75613e0&chksm=fd0520b8ca72a9aeedec5ba9a61c321295ca3d13195393a2e8c45f270dabea8af55ba6f94e45#rd）。

第三节　豆类作物种质资源多样性变化

一、大豆种质资源多样性变化

1. 籽粒大小

栽培大豆百粒重为 6～55g，野生大豆为 1.0～3.0g，半野生大豆为 2.5～6.0g。根据大豆种质籽粒的大小，分为极小粒型、小粒型、中小粒型、中粒型、中大粒型、大粒型和特大粒型（图 8-11）。四川省农业科学院作物研究所对 2021～2023 年鉴定的 300 份大豆种质资源中获得的 274 份相关籽粒特征的数据进行分析，结果表明，四川大豆种质百粒重差异较大，大部分属于中粒型大豆，百粒重在 15～19.9g 的有 102 份（占比 37.2%）；其次是中大粒型、中小粒型，分别占比 23.0%、20.4%；极小粒型有 3 份野生大豆种质（表 8-1）。

图 8-11　四川地方大豆种质籽粒大小多样性

表 8-1　四川大豆种质籽粒大小

类型	百粒重/g	资源份数
极小粒型	<5	3
小粒型	5～9.9	13

续表

类型	百粒重/g	资源份数
中小粒型	10～14.9	56
中粒型	15～19.9	102
中大粒型	20～24.9	63
大粒型	25～29.9	23
特大粒型	>30	14

2. 粒色、子叶色

大豆种子颜色是重要的形态标记和进化性状，种皮在驯化过程中从黑色演变为黄、绿、褐及双色，子叶从绿色演变为黄色（邱红梅等，2021）。大豆种皮色是基本的生物学性状和农艺性状，可用来描述品种特性（邱丽娟，2006）。野生大豆种皮多为黑色（图 8-12），在野大豆收集中发现，野大豆的种子籽粒大小不同（图 8-12B、E、H），对应植株形态具有明

图 8-12　四川地方大豆种质粒色多样性

A：虎斑大豆；B 和 C：野大豆种子（大粒）和植株；D：黑皮绿子叶大豆；E 和 F：野大豆种子（中粒）和植株；G：黑大豆；H 和 I：野大豆种子（小粒）和植株

显差异（图 8-12C、F、I）。栽培大豆种皮多为黄色。每种颜色按深浅可细分，如绿色种皮大豆有淡绿、绿、深绿等（王英男等，2020）。双色大豆种皮分为虎斑和鞍挂，虎斑种皮如老虎的条纹（图 8-12A），鞍挂是种脐两侧有如马鞍状的色斑（宋健，2012）。粮油部门为了便于经营管理，在编排商品目录和统计工作中根据大豆种皮的颜色分为黄豆、青豆和黑豆三种（图 8-13），棕、褐豆等划归黑豆之中。中国有丰富、珍贵的大粒青皮及大粒青皮、青子叶大豆品种资源，如蓝溪大青豆、金坛八月黄大青豆等，以及具有医药价值的黑皮绿子叶大豆（图 8-12D），如山西绿仁黑豆等。

图 8-13 四川地方大豆种质粒色多样性

3. 用途

按大豆的用途可分为食用大豆和饲用大豆两大类，食用大豆中又分为油用大豆、副食和粮食用大豆、蔬菜用大豆、罐头用大豆 4 类。大豆品种间，脂肪含量 16%～25%，蛋白质含量 37%～50%。中国东北地区及美国中北部地区有丰富的高脂肪大豆品种资源。脂肪含量较高的品种，如中国东北的满仓金、吉林 16；中国长江流域、日本及朝鲜的大豆品种资源具有较高的蛋白质含量，其蛋白质含量大多超过 45%，其中四川大豆品种及资源多具有高蛋白特性，主要与四川的地理、环境及品种驯化有关。

4. 抗性

大豆品种资源中有抗各种病虫害的基因源。抗细菌性斑疹病的种质资源，如布雷格（CNS Bragg）、FC31592、PI219656 等；抗细菌性斑点病的种质资源，如 PI189968（抗 1、2 号小种）、PI168708（原产中国，抗 1、2 小种）、艾达（Ada）等，抗灰斑病的种质资源，如合丰 28、钢 5151、李 Lee 等，抗霜霉病的种质资源如肯瑞奇（Kanrich）、PL174885 等；抗大豆花叶病毒 Soybaan Mosaic 的种质资源如水牛（Bufalo）、大白麻、广吉（Kuanggyo）等；抗大豆孢囊线虫病的种质资源，如喀左长粒黑、应县小黑豆、北京小黑豆（Peking）、线虫不知等；另外，中南部地区一些大豆品种及原产中国的比洛克西（Biloxi）等，对酸性土中的铝离子具有抗性，中国大豆品种文丰 7 号与美国品种李（Lee）有明显的耐盐性。

二、蚕豆种质资源多样性变化

1. 粒型

粒型是蚕豆品种资源的主要分类依据。参照全国粒型分类标准，根据蚕豆籽粒的形状和大小，可分为大粒型、中粒型、小粒型。各类型有不同的适应区域和利用价值。

（1）大粒型

百粒重在 120g 以上，粒型多为阔薄型，种皮颜色多为乳白色和绿色两种，植株高大。大粒型资源较少，约占全国蚕豆品种资源数的 6%，主要分布在青海、甘肃两省，其次是浙江、云南、四川。代表品种有青海马牙、甘肃马牙、浙江慈溪大白蚕、四川西昌大蚕豆等。这类品种对水肥条件要求较高，耐湿性差，种植范围窄，局限于旱地种植。其特点是粒大、品质好、食味佳、商品价值高，宜作粮食和蔬菜，是我国传统出口商品。

（2）中粒型

百粒重 70～120g，粒型多为中薄型和中厚型，种皮颜色以绿色和乳白色为主。中粒型资源最多，约占蚕豆总资源数的 52%，主要分布在浙江、江苏、四川、云南、贵州、新疆、宁夏、福建和上海等地。代表品种有浙江利丰蚕豆和上虞田鸡青、四川成胡 10 号、云南昆明白皮豆、江苏启豆 1 号等。这类地方品种的特点是适应性广，耐湿性强，抗病性好，水田、旱地均可种植，产量高，宜作粮食和副食品加工。

（3）小粒型

百粒重在 70g 以下，粒型多为窄厚型，种皮颜色有乳白色和绿色两种，植株较矮，结荚较多。小粒型资源约占蚕豆总资源数的 42%，主要分布在湖北、安徽、山西、内蒙古、广西、湖南、浙江、江西、陕西等地。代表品种有浙江平阳早豆子、陕西小胡豆等。这类品种比较耐贫瘠，对肥水要求不甚严格，一般作为饲料和绿肥种植，也可加工为多种副食品。

2. 生态型

在生态型上，我国蚕豆可以分为春性和冬性两大类型。春性蚕豆分布在春播生态区，苗期可耐 3～5℃低温。如将春性蚕豆播种在秋播生态区，则不能安全越冬，即不耐冬季–5～–2℃低温。春性蚕豆品种资源占全国蚕豆总资源数的 30%，其中大粒型约占 15%、中粒型占 50%、小粒型占 35%。在全国大粒型品种资源中，春性占 70%。

冬性蚕豆分布在秋播蚕豆生态区，苗期可耐–5～–2℃低温，可在秋播区安全越冬。主茎在越冬阶段常常死亡，翌年侧枝正常生长发育。冬性蚕豆品种资源约占全国蚕豆总资源数的 70%，其中大粒型约占 3%、中粒型占 55%、小粒型占 42%。

M. Moreno 认为世界蚕豆品种可分为地中海品种和欧洲品种两大生态类型。地中海蚕豆品种与我国秋播蚕豆性状极为相似，而欧洲品种则与我国春播蚕豆性状类似。值得注意的是，我国是冬性蚕豆类型和春性蚕豆类型的过渡区，关中西部和长城沿线分布的是春性蚕豆，秦岭以南是冬性蚕豆。云南地处低纬高原，海拔 700～2400m，年均温 10～18℃的地区均有蚕豆分布，生态环境复杂，品种类型特殊。云南省农业科学院对地方品种资源整理过程中发现，中间型（介于春性和冬性之间）占 82.92%，海拔高的地区偏冬性占 7.60%，低海拔地区偏春性占 11.43%（叶茵，2003）。

3. 株型

蚕豆植株高度受遗传特性和生态条件的双重影响，为数量遗传。由于各生态区降水量和土壤肥力差异很大，蚕豆资源的株高差异非常明显。在春播蚕豆生态区，因降水量少，土壤肥力较差，矮秆资源较多，达 48.8%，矮秆资源的株高为 30cm；中秆资源占 17.5%；高秆资源占 33.7%。在秋播蚕豆生态区内，因降水量较多，土壤肥力较好，矮秆资源较少，占 18.5%，最矮资源的株高为 38cm；中秆资源占 63.4%；高秆资源占 18.1%。从全国蚕豆资源来看，矮秆资源约占 27.4%，中秆资源占 50.0%，高秆资源占 22.6%。

4. 种皮颜色

（1）绿种

如浙江上虞田鸡青（绿皮）、四川成胡 10 号（浅绿色）、江苏启豆 1 号（绿色）、云南丽江青蚕豆（青皮）、云南楚雄绿皮豆等，这类品种以南方秋播地区为多。

（2）白皮种

如甘肃临夏大蚕青海 3 号、浙江慈溪大白蛋、湖北襄阳大脚板、云南昆明白皮豆等，这类品种以北方春播地区为多。

（3）红皮种（紫皮）

如青海紫皮大粒蚕豆、内蒙古紫皮小粒蚕豆、甘肃临夏白脐红、云南大理红皮豆、云南盐丰红蚕豆等。

（4）黑皮种

如四川阿坝黑皮种，适宜在春播地区种植，能耐低温。

此外，按用途还可分为粮用型、菜用型、肥用型和饲用型 4 种。按生育期长短还可分为早熟型、中熟型和晚熟型。

三、豌豆种质资源多样性变化

中国栽培豌豆在长期进化和演化过程中，形成了无须豌豆、半无叶豌豆、簇生小叶豌豆，以及甜脆豌豆、荷兰豆等特异资源；不同地理来源和用途的资源，在株高、分枝数、荚长、单株荚数、荚粒数、粒色、粒形、百粒重、抗病性、抗虫性、抗逆性和品质等形态特征和生物学特性上差异明显，表现出丰富的遗传多样性。SSR 标记检测结果表明，国内外资源群体间发生了显著的遗传多样性分化，形成了三个差异明显的栽培豌豆基因库，其中两个在中国。

（一）形态特征和生物学特性多样性

1. 花色、株高、株型和分枝数

中国农业科学院作物科学研究所对随机选取的 4961 份豌豆资源花色的调查表明，白花资源 2399 份、红花资源 2562 份，即白花豌豆变种占 48.36%、红花豌豆变种占 51.64%，我国红花豌豆变种资源略多于白花豌豆变种。对随机选取的 4903 份豌豆资源株高的调查表明，最矮 12cm，最高 254cm，平均 106.5cm，标准差 31.01cm，资源间差异极显著；其中矮生资源以白花豌豆变种为主，其他资源以红花豌豆变种为主。对随机选取的 4949 份豌豆资源株型的调查表明，直立株型 258 份、半蔓生株型 247 份、蔓生株型 4088 份、半无叶株型 354 份、无须株型 2 份，占比分别为 5.21%、4.99%、82.60%、7.15%、0.04%；其中直立、半蔓生、半无叶、无须株型多为白花豌豆变种，蔓生株型大部分为红花豌豆变种。对随机选取的 4811 份豌豆资源分枝数的调查表明，最少者为 0 个，最多者为 35 个，平均 3.43 个，标准差 2.02 个；分枝较少的资源以白花豌豆变种为主，分枝较多的资源以红花豌豆变种为主。

2. 粒色、粒形

中国农业科学院作物科学研究所对随机选取的 5183 份豌豆资源粒色的调查表明，黄、白粒资源 1956 份，绿粒资源 1080 份，褐、麻、紫、黑等深色粒资源 2147 份，占比分别为 37.74%、20.84%、41.42%；黄、白粒和绿粒资源几乎都是白花豌豆变种，褐、麻、紫、黑等深色粒资源均为红花豌豆变种。对随机选取的 861 份豌豆资源种脐色的调查表明，白色种脐 305 份、浅绿色种脐 12 份、棕色种脐 161 份、黑色种脐 163 份、黄色种脐 170 份、灰白色种脐 50 份，占比分别为 35.42%、1.39%、18.70%、18.93%、19.74%、5.81%。对随机选取的 4610 份豌豆资源粒形的调查表明，凹圆粒 380 份、扁圆粒 170 份、圆粒 3413 份、皱粒 575 份、柱形粒 72 份，占比分别为 8.24%、3.69%、74.03%、12.47%、1.56%。

3. 荚部性状

中国农业科学院作物科学研究所对随机选取的 4486 份豌豆资源荚型的调查表明，硬荚资源 3898 份，占比 86.89%；软荚资源 588 份，占比 13.11%。对随机选取的 4438 份豌豆资源干荚荚长的调查表明，最短 2.1cm，最长 14cm，平均 5.5cm，标准差 0.73cm，资源间差异极显著。对随机选取的 675 份豌豆资源干荚荚宽的调查表明，最窄 0.5cm，最宽 1.8cm，平均 0.95cm，标准差 0.15cm，资源间差异极显著。

4. 产量构成因子

中国农业科学院作物科学研究所对随机选取的 646 份豌豆资源有效分枝数的调查表明，最少 0 个，最多 11 个，平均 3.66 个，标准差 1.21 个，资源间差异极显著。对随机选取的 4922 份豌豆资源单株有效荚数的调查表明，最少 0.7 个，最多 95 个，平均 16.81 个，标准差 9.52 个，资源间差异极显著。对随机选取的 4638 份豌豆资源单株干籽粒产量的调查表明，最低 0.1g，最高 106g，平均 9.58g，标准差 5.86g，资源间差异极显著。对随机选取的 4770 份豌豆资源单荚粒数的调查表明，最少 0.7 粒，最多 9.9 粒，平均 4.25 粒，标准差 0.87 粒，资源间差异极显著。对随机选取的 4902 份豌豆资源干籽粒百粒重的调查表明，最少仅 1g，最多 41.7g，平均 16.97g，标准差 4.75g，资源间差异极显著。

5. 营养品质

中国农业科学院作物科学研究所对随机选取的 1889 份豌豆资源粗蛋白质含量的测定表明，最低 15.34%，最高 34.64%，平均 24.69%，标准差 1.96%，资源间差异显著。对随机选取的 1878 份豌豆资源总淀粉含量的测定表明，最低 26.95%，最高 58.69%，平均

48.90%，标准差 2.84%，资源间差异显著；直链淀粉含量的测定结果表明，最低 7.12%，最高 24.60%，平均 13.72%，标准差 1.61%，资源间差异极显著。对随机选取的 1432 份豌豆资源支链淀粉含量的测定表明，最低 8.61%，最高 47.49%，平均 35.30%，标准差 3.18%，资源间差异极显著；粗脂肪含量的测定结果表明，最低 0.14%，最高 4.24%，平均 1.36%，标准差 0.38%，资源间差异极显著。对随机选取的 200 份豌豆资源赖氨酸含量的测定结果表明，最低 1.14%，最高 2.24%，平均 1.84%，标准差 0.12%，资源间差异显著；胱氨酸含量的测定结果表明，最低 0.10%，最高 1.08%，平均 0.45%，标准差 0.15%，资源间差异极显著。

6. 对病、虫的抗性

中国农业科学院作物科学研究所对随机选取的 1311 份豌豆资源抗白粉病的鉴定结果表明，高感（HS）1073 份、中感（MS）60 份、感（S）158 份、抗（R）1 份、中抗（MR）19 份，占比分别为 81.85%、4.57%、12.05%、0.08% 和 1.45%。对随机选取的 1309 份豌豆资源抗锈病的鉴定结果表明，高感（HS）412 份、中感（MS）237 份、感（S）647 份、抗（R）4 份、中抗（MR）9 份，占比分别为 31.47%、18.11%、49.43%、0.31% 和 0.69%。对随机选取的 1370 份豌豆资源抗蚜特性的鉴定结果表明，高感（HS）1050 份、感（S）289 份、高抗（HR）1 份、抗（R）6 份、中抗（MR）24 份，占比分别为 76.64%、21.09%、0.07%、0.44% 和 1.75%。

7. 对干旱和盐碱的抗性

中国农业科学院作物科学研究所对 909 份豌豆资源的芽期抗旱性鉴定表明，抗旱性达 1 级的有 56 份、2 级 104 份、3 级 192 份、4 级 205 份、5 级 352 份，占比分别为 6.16%、11.44%、21.12%、22.55%、38.72%；成株期抗旱性鉴定表明，抗旱性达 1 级的有 29 份、2 级 170 份、3 级 323 份、4 级 257 份、5 级 130 份，占比分别为 3.19%、18.70%、35.53%、28.27%、14.30%。对 914 份豌豆资源的芽期耐盐性鉴定表明，耐盐性达 1 级的有 32 份、2 级 52 份、3 级 172 份、4 级 276 份、5 级 382 份，占比分别为 3.50%、5.69%、18.82%、30.20%、41.79%；苗期耐盐性鉴定表明，耐盐性达 1 级的有 0 份、2 级 3 份、3 级 110 份、4 级 390 份、5 级 411 份，占比分别为 0、0.33%、12.04%、42.67%、44.97%。

8. 对冬季低温的抗性

食用豆产业技术体系项目在山东青岛裸地大田对 3677 份豌豆资源进行了越冬性筛选。2009~2010 年冬季最低气温达 −13℃，耐冷性鉴定结果显示：1049 份资源可以存活收获籽粒，存活率为 28.5%。

对资源进行耐冷分级，1 级：生育期内地上部分全绿，有产量，耐 −13℃ 低温；3 级：部分叶片枯死，根部直立，有产量，耐 −13℃ 低温；5 级：地上部分全部枯死，但根部存活，返青后重新长出叶片，有产量，耐 −13℃ 低温；7 级：植株全部枯死，无产量，最低温度低于 −10℃ 以后植株全部冻死；9 级：植株全部枯死，无产量，最低温度低于 −5℃ 以后植株全部冻死。

在 3677 份豌豆资源中，耐冷性达 1 级的有 80 份、3 级 175 份、5 级 794 份、7 级 434 份、9 级 2194 份，占比分别为 2.17%、4.76%、21.59%、11.8%、59.67%。

（二）基于分子标记的遗传多样性

宗绪晓等（2016）利用 21 对 SSR 引物，对来自中国 21 个省份的 1243 份栽培豌豆资源、来源于世界 67 个国家的 774 份栽培豌豆资源和来自世界 17 个国家的 103 份野生豌豆资源进行了遗传多样性分析。研究结果表明，世界豌豆属资源中存在三个相互独立且很少有交集的基因库，即"国外基因库"、"中国春播基因库"和"中国秋播基因库"。不同地理来源的资源类群间存在极显著的遗传多样性差异。中国栽培豌豆资源群的遗传多样性明显高于国外栽培豌豆资源群，野生资源群的遗传多样性最高。对比中国资源与国外资源、中国春播资源与中国秋播资源、栽培资源与野生资源间 SSR 位点等位基因的差别发现，21 个 SSR 位点中有 13 个表现出群体特异性。

中国栽培豌豆资源中也存在着差异明显的三个基因库，即"春播基因库"、"秋播基因库"和"中原基因库"。各省份间 SSR 等位变异分布均匀，但省级资源群间遗传多样性差异显著。遗传多样性以内蒙古资源群最高，甘肃、四川、云南和西藏等资源群次之，辽宁最低。我国豌豆地方品种资源群间遗传距离与其来源地生态环境相关联。

宗绪晓等对于豌豆属下 8 个植物学分类单位的 SSR 位点遗传多样性研究表明，豌豆属下种质资源实际可归为 4 个遗传差异明显、相互独立且很少有交集的基因库，即"*sativum*"基因库、"*fulvum*"基因库、"*abyssinicum*"基因库和"*arvense*"基因库。"*fulvum*"、"*abyssinicum*"和"*arvense*"三个基因库与传统植物学分类单位中的 *Pisum fulvum*、*P. sativum* ssp. *abyssinicum* 和 *P. sativum* ssp. *sativum* var. *arvense* 等三个分类单位两两重叠；而"*sativum*"基因库则包含 *P. sativum* ssp. *asiaticum*、*P. sativum* ssp. *transcaucasicum*、*P.sativum* ssp. *elatius* var. *elatius*、*P. sativum* ssp. *elatius* var. *pumilio* 和 *P. sativum* ssp. *sativum* var. *sativum* 5 个分类单位的几乎所有参试资源。"*sativum*"基因库构成豌豆栽培资源初级基因库；"*fulvum*"、"*abyssinicum*"和"*arvense*"基因库共同构成豌豆栽培资源次级基因库。SSR 等位变异在各植物学分类单位间分布均匀，但分类单位间遗传多样性差异显著。

第四节　豆类作物优异种质资源发掘

一、大豆优异种质资源发掘

1. 红皮香豆（P510129009）

【作物及类型】大豆，地方品种。

【来源地】成都市大邑县。

【种植历史】50 年以上。

【种植方式】净作、撒播或条播。

【农户认知】籽粒大，颜色暗红，比当地其他大豆籽粒更大，营养价值高。

【资源描述】该品种在成都平原种植，为少有的地方品种，种植历史悠久，籽粒较大，蛋白质含量高，部分籽粒呈"红细胞"状，是近几十年来收集到的唯一一份特异红色种皮的大豆品种（图 8-14）。种皮颜色是重要的形态标记和进化性状，在野生大豆到栽培大豆的驯化过程中，大豆种皮颜色经历了从黑色逐渐演变成黄、棕、绿及复色等多种颜色的变化，而红皮香豆的种皮颜色为较稀有的红色，子叶从绿色进化出黄色，具有较高的研究价值。经鉴定，红皮香豆生育期约 130 天，籽粒红色，叶片卵圆形，花瓣紫色，子叶黄色，种脐褐色，具有灰色茸毛，生长习性属于直立型，有限结荚习性，其株高 93cm，单株荚数 141.20 个，单株粒数 268.20 粒，百粒重高达 36.8g，单株产量高达 100.11g。品质分析发现，红皮香豆蛋白质含量高，每 100g 种子含有 40.4g 蛋白质；脂肪含量 13.9g/100g。除此之外，研究发现红皮香豆属于高光效大豆品种，其净光合速率高达 31.22μmol CO_2/(m²·s)。红皮香豆入选 2022 年四川五大新发现优异农作物种质资源。

图 8-14　红皮香豆豆荚及干籽粒

2. 六月罢（P511111023）

【作物及类型】大豆，地方品种。

【来源地】乐山市沙湾区。

【种植历史】50 年以上。

【种植方式】净作，与玉米、幼果林套作。

【农户认知】优质，广适，耐贫瘠。

【资源描述】生育期较短，95 天；株型紧凑，株高 39cm 左右，大豆籽粒呈扁椭圆形，属于中粒型大豆，百粒重 15.07g（图 8-15）。生长习性属于直立型，有限结荚习性，茸毛棕色，花色白色，叶片椭圆形，初步鉴定可作为耐阴大豆的备选材料。

图 8-15　六月罢大豆干籽粒及其植株

3. 水磨黄豆（2020512101）

【作物及类型】大豆，地方品种。

【来源地】阿坝州汶川县。

【种植历史】20年以上。

【种植方式】净作，与玉米、幼果林套作。

【农户认知】口感俱佳，适宜加工豆浆、豆腐和豆芽食用，优质，广适，耐贫瘠。

【资源描述】生育期较短，121天；株型紧凑，株高39cm左右，大豆籽粒扁圆形，籽粒较小，百粒重13.8g（图8-16）。生长习性属于直立型，有限结荚习性，茸毛灰色，花色白色，叶片卵圆形，初步鉴定可作为耐阴大豆的备选材料。

图8-16　水磨黄豆干籽粒及其植株

4. 木门黄豆（2019512118）

【作物及类型】大豆，地方品种。

【来源地】广元市旺苍县。

【种植历史】30年以上。

【种植方式】净作，与玉米、幼果林套作。

【农户认知】口感俱佳，适宜加工豆浆、豆腐和豆芽食用，优质，广适，耐贫瘠。

【资源描述】生育期较短，112天；株型紧凑，株高80cm左右，大豆籽粒扁圆形，籽粒较小，百粒重13.7g（图8-17）。生长习性属于直立型，有限结荚习性，茸毛灰色，花色白色，叶片卵圆形，初步鉴定可作为豆浆加工型食用类型。

5. 剑阁大豆（2019516098）

【作物及类型】大豆，地方品种。

【来源地】广元市剑阁县。

【种植历史】农户从小种植，矮得很。

【种植方式】净作。

【农户认知】口感好，抗倒伏。

【资源描述】有限结荚习性，结荚率高，植株极矮（图 8-18），抗性好，抗倒伏，可作为改良大豆株高、培育宜机化大豆专用品种的育种材料。

图 8-17　木门黄豆干籽粒及其植株

图 8-18　剑阁大豆干籽粒及其植株

6. 古蔺耐涝黑皮大豆（P510525010）

【作物及类型】大豆，地方品种。

【来源地】泸州市古蔺县。

【种植历史】50 年以上。

【农户认知】采用冬芽嫁接，行距 5m×株距 5m 的单行高干树型种植模式。经得住水淹，高产，好吃。

【资源描述】古蔺耐涝黑皮大豆耐渍性强，在洪涝灾害等条件下仍能获得丰产，可作为救荒作物。同时，黑皮大豆蛋白质含量高，易于消化，对满足人体对蛋白质的需要具有重要意义。其脂肪含量 15% 左右，主要含不饱和脂肪酸，吸收率可高达 95%，除满足人体对脂肪的需要外，还有降低血液中胆固醇的作用，因此黑皮大豆可用于加工高附加值豆制品。经鉴定田间抗病、抗虫、耐涝，结荚率高，种皮黑色，是小籽粒型优异大豆种质资源

（图 8-19）。古蔺耐涝黑皮大豆含有丰富的维生素、卵磷脂、黑色素等物质，其中 B 族维生素和维生素 E 含量很高，具有营养保健作用，黑豆中还含有丰富的微量元素，对保持机体功能完整、延缓机体衰老、降低血液黏度、满足大脑对微量物质的需求都是必不可少的，因此黑皮大豆可用于加工高附加值豆制品。

图 8-19　古蔺耐涝黑皮大豆干籽粒及其植株

二、蚕豆优异种质资源发掘

1. 红皮蚕豆（2022517250）

【作物及类型】蚕豆，地方品种。

【来源地】眉山市仁寿县。

【种植历史】60 年以上。

【种植方式】房前屋后种植。

【农户认知】口感好。

【资源描述】种皮红色，籽粒大小适中（图 8-20），适应性强，抗性好，可作为郫都区专用型蚕豆育种材料。

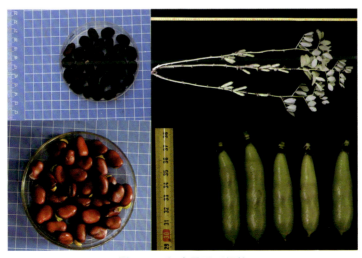

图 8-20　红皮蚕豆干籽粒

2. 胡豆（2022511314）

【作物及类型】蚕豆，地方品种。

【来源地】阿坝州阿坝县。

【种植历史】20 年以上。

【种植方式】春季散播，常规管理。

【农户认知】做菜肴、休闲食品，口感好。

【资源描述】营养价值较高，蛋白质含量 25%～35%。蚕豆还富含糖、矿物质、维生素、钙和铁。亦可作为固氮作物，株高 50cm，茎粗壮，直立，花期 4～5 月，果期 5～6 月，具有抗寒、抗旱、耐贫瘠等特性，资源实物见图 8-21。

图 8-21　胡豆籽粒及植株表现

三、豌豆优异种质资源发掘

甘孜麻豌豆（2022513403）

【作物及类型】豌豆，地方品种。

【来源地】甘孜州甘孜县。

【种植历史】60 年以上。

【种植方式】撒播。

【农户认知】口感好。

【资源描述】当地的特色资源，主要用于制作凉粉，品质和口感都是绝佳上乘之品，堪称甘孜一绝，有望后期在乡村振兴行动中结合旅游发展打造成特色产品，实物见图 8-22。

图 8-22　甘孜麻豌豆干籽粒、植株及其农副产品

四、其他豆类作物优异种质资源发掘

1. 丹巴黄金荚（P513323032）

【作物及类型】普通菜豆，地方品种。

【来源地】甘孜州丹巴县。

【种植历史】70 年以上。

【种植方式】每年 4～8 月，海拔 1800～2300m 的河谷、山地，房前房后，田边地角，均可种植，产量高，生育期短，适应性广。

【农户认知】嫩荚颜色金黄、色泽一致、外观漂亮，因而得名黄金荚，食用广泛，可以凉拌、腌制、炒、烧煮等，口感好。

【资源描述】丹巴黄金荚又名金黄豆，在丹巴县种植历史悠久。植株矮小不牵藤，无须搭架，嫩荚颜色金黄、色泽一致、外观艳丽，主食嫩荚。成熟果荚苗条纤细、颜色金黄、表层平滑光泽、果荚无筋无柴（图 8-23）；肉质鲜嫩、口感清脆、细嫩无渣。生育期短、高

图 8-23　丹巴黄金荚器官分解图及田间表现

抗高产，可以凉拌、腌制、炒、烧煮等，在精准扶贫和乡村振兴等方面具有潜在利用价值。入选 2022 年四川五大新发现优异农作物种质资源。

2. 雪山大豆（P513321053）

【作物及类型】多花菜豆，地方品种。

【来源地】甘孜州康定市。

【种植历史】40 年以上。

【种植方式】春播，常规管理。

【农户认知】做蔬菜，适合炖猪蹄，味道好，营养价值高。

【资源描述】豆粒猪腰形，个体大，为豆类之冠，是食用佳品。营养成分高，百克干豆含蛋白质 20%、碳水化合物 63%、钙 10mg，还含有脂肪、维生素 B 及其他营养成分，是豆中营养之王。雪山大豆产于甘孜州海拔 2000～2800m。为了满足市场需要，雪山大豆在甘孜州的种植面积不断增加，已达 2.5 万亩，亩产 115kg。雪山大豆还具有药用价值，经常食用对高血压和心脏疾病有一定疗效，可用来炖肉和炖鸡，资源实物见图 8-24。

图 8-24　雪山大豆干籽粒

第五节　豆类作物种质资源创新利用及产业化情况

一、豆类作物种质资源创新利用

（一）大豆种质资源创新利用

1. 四川新收集优质、抗性大豆资源筛选

依据大豆种质资源描述规范，对 100 份大豆种质资源的农艺性状进行鉴定，鉴定的大

豆种质资源优异性状主要包括早熟或具有耐寒、耐贫瘠等抗逆性，结合田间抗病性、产量表现，筛选出 10 份具有地方特色或优异性状的地方品种（表 8-2）。

表 8-2 10 份具有地方特色或优异性状的地方品种的性状表现

采集编号	品种名称	特征特性	优异性状
P513433006	金豆	植株半直立，株高 54cm，生育期短（104 天），籽粒偏小，百粒重 11.30g，含油量 21.3%	产量好、广适、耐寒、小籽粒、含油量高
P513433005	二白毛	植株直立，株高 50cm，生育期 113 天，籽粒较大，百粒重 21.40g，蛋白质含量 49.2%	产量好、广适、蛋白质含量高
P510524025	本地黄豆	植株半直立，株高 45cm，生育期 140 天，籽粒较小，百粒重 10.22g，蛋白质含量 48.3%	优质、蛋白质含量高
P510524020	花脸青豆	植株直立，株高较矮（37cm），生育期短（104 天），百粒重 14.82g	优质、蛋白质含量高
P510184012	本地黑豆	植株直立，株高 50cm，生育期 126 天，籽粒黑色，百粒重 17.30g，含油量 21.8%	优质、含油量高
P511124032	六月黄	植株直立，株高 50cm，生育期 125 天，百粒重 15.56g，蛋白质含量 48.9%	优质、抗病、抗虫、抗旱、耐贫瘠、蛋白质含量高
P511529033	本地黄豆	植株半直立，株高 55cm，生育期 125 天，籽粒较大，百粒重 23.24g，蛋白质含量 50.5%	高产、优质、广适、蛋白质含量高
P511826010	大川黑豆	植株直立，株高 55cm，生育期 113 天，籽粒较大，百粒重 25.50g，含油量 21.6%	高产、优质、抗病、抗旱、耐贫瘠、广适、含油量高
P513431022	本地黄豆	植株直立，株高 61cm，生育期偏短（105 天），籽粒较大，百粒重 20.70g，蛋白质含量 49.2%	优质、耐贫瘠、蛋白质含量高
P513426054	绿蓝籽黄豆	植株半直立，株高较高（170cm），生育期 153 天，籽粒较大，百粒重 21.40g，含油量 22.1%	优质、抗旱、含油量高

2. 四川新收集大豆资源产量及耐阴性状创新利用

通过对 322 份新收集大豆资源的田间农艺性状以及四川地区耐弱光大豆资源进行鉴定，筛选到：①耐阴人豆资源 29 份；②多荚多粒型大豆资源 11 份（有效分枝数＞6 个，单株荚数＞300 个）；③超大粒型大豆资源，其百粒重为 44.7g；④小粒型大豆资源 6 份；⑤种皮为虎斑、鞍挂等特殊类型大豆资源 35 份；⑥适宜机械收割的大豆种质 2 份（底荚高度＞15cm，落叶不裂荚）。上述优异资源均可作为育种材料。

3. 四川新收集大豆地方种质资源表型性状多样性分析

采用相关性分析、主成分分析和聚类分析等方法对 216 份大豆种质资源的 12 个表型性状进行了鉴定和综合评价。结果表明：四川大豆种质资源表型变异丰富，9 个质量性状的遗传多样性指数为 0.043～1.596，大豆籽粒色的多样性指数最高（1.596），子叶色的多样性指数最低（0.043）。3 个数量性状的多样性指数为 2.581～2.812，百粒重的多样性指数最高（2.812）。主成分分析结果表明，6 个主成分因子的累计贡献率达 72.85%。采用聚类分析将 216 份大豆资源划分为 4 类，第 II 类占总资源份数的 14.40%，该分类中变异系数最大的是株高（45.36%），其次是百粒重和粒色，分别为 41.55% 和 30.70%。

4. 种皮色优异种质创制与利用

通过连续多年对大豆资源进行精准鉴定和综合评价，筛选出富含蛋白质、维生素和膳食纤维的红、棕、绿、黑和黄 5 种颜色的五彩大豆，具有良好的外观品质，其脂肪含量低，几乎不含胆固醇，是防治高血压、糖尿病、动脉粥样硬化等疾病的理想食物。特别是红皮大豆和黑豆，除满足人体对蛋白质、脂肪的需求外，还富含多种花色苷、不饱和脂肪酸、维生素、卵磷脂和丰富的微量元素，对保持机体功能完整、延缓机体衰老、满足大脑对微量物质需求必不可少。

同时进一步探究了红、棕、绿、黑、黄 5 种颜色大豆种质种皮的代谢差异。结果表明，在大豆种皮中共检测到 1645 种代谢产物，包括 426 种黄酮类化合物。红皮大豆的主要花色苷为矢车菊素 3-O-(6″-丙二酰阿拉伯糖苷) 和锦葵色素 3-层糖苷；棕色大豆中积累了大量的锦葵色素-3-葡萄糖苷-4-乙烯基苯酚和天竺葵色素 3-鼠李糖苷-5-葡萄糖苷；黑大豆中的主要花色苷为锦葵色素-3-葡萄糖苷、矮牵牛色素 3-O-(6″-对香豆基-葡萄糖苷)-5-葡萄糖苷和矢车菊素 3-O-(6″-丙二酰阿拉伯糖苷)；绿大豆和黄豆中主要积累了花青素-3-龙胆糖苷和牡丹-3-葡萄糖苷。此外，红、棕、绿和黑皮大豆种皮富含木犀草素、山奈酚和槲皮素及其衍生物。转录组分析显示，除棕色大豆外，大多数类黄酮类生物合成基因都上调表达。这些研究结果拓宽了对大豆种皮颜色变化引起的大豆种皮代谢和转录变化的认知，为改良营养价值较高的大豆品种提供了新的视角。

（二）蚕豆种质资源创新利用

1. 四川新收集蚕豆资源农艺性状鉴定评价

通过对 33 份新收集蚕豆种质资源进行田间鉴定，获得了株高、主茎节数、单株有效分枝数、单株荚数、单株粒数、百粒重等与产量密切相关的主要农艺性状数据，同时记载了叶色、叶形、每花序花朵数、鲜茎色、鲜荚色等植物学性状信息，评价出在单株荚数、单株粒数、百粒重上具有 1 或 2 个突出特征且可作为不同类型蚕豆亲本材料的优异资源 3 份（表 8-3）。

表 8-3　优异蚕豆种质资源的相关性状表现

区号	品种名称	优异性状及其利用
QC2	邻水大蚕豆	单株荚数 25.6 个，单株粒数 50.2 粒，百粒重 69.5g，可作为小粒型亲本材料
QC18	黑水本地白胡豆	百粒重 147.9g，可作为大粒型亲本材料
QC33	德格胡豆	单株粒重 52.8g，荚长 15.6cm，可作为蔬菜型亲本材料

2. 四川蚕豆资源赤斑病抗性田间鉴定及筛选

针对影响我省蚕豆的主要病害赤斑病，利用分子标记手段辅助选育抗赤斑病蚕豆新材料。对 311 份蚕豆包含四川地方品种（资源）及育成品种进行田间主要病害鉴定，后续对鉴定出的 45 份蚕豆抗赤斑病材料进行分子标记筛选及遗传多样性分析。

（三）豌豆种质资源创新利用

1. 四川新收集豌豆资源农艺性状鉴定评价

经秋播初步鉴定了 60 份新收集的豌豆种质资源，其优异性状主要包括粒大饱满、荚多高产及高分蘖等，在生产和育种中利用价值大。资源整体上主要为蔓生株型，少量半蔓生，株高 80～300cm，花色以浅红色和白色为主，少量黄色，无限结荚习性，籽粒主要为球形和扁球形，少量柱形，粒色多样，以淡黄和粉红居多，脐色主要为灰白和褐色，百粒重 12.91～33.75g，单株产量平均为 14.73g，最高可达 33.80g，其中具有地方特色或优异性状的豌豆地方品种有 10 份（表 8-4）。

表 8-4 10 份具有地方特色或优异性状的豌豆地方品种的性状表现

采集编号	品种名称	特征特性	优异性状
2019511222	豌豆	植株较矮，株高 138.33cm，单荚粒数 2.72 粒，单株产量 30.2g，籽粒大，百粒重 26.63g	粒大饱满、优质高产、抗倒伏
2019511229	豌豆	株高 188.0cm，单株分枝数 11.67 个，单株荚数 78.0 个，单株产量 33.8g，籽粒小，百粒重 16.57g	荚多高产、高分蘖，适宜鲜食嫩荚
2019514269	菜豌豆	株高 211.67cm，单株分枝数 8.67 个，单株荚数 61.67 个，单株产量 26.0g，籽粒小，百粒重 18.90g	荚多高产、高分蘖，适宜鲜食嫩荚
2019514039	白豌豆	株高 170.33cm，单株分枝数 10.0 个，单株荚数 77.67 个，单株产量 30.0g，百粒重 22.62g	抗倒伏、荚多高产
2019517022	白豌豆	株高 82.33cm，单株分枝数 8.0 个，单株荚数 49.0 个，单株产量 15.6g，百粒重 25.37g	粒大饱满、抗倒伏
P511529020	本地白豌豆	株高 253.67cm，单株分枝数 8.33 个，单株荚数 64.33 个，单株产量 32.8g，百粒重 19.85g	荚多高产
P513226013	青豌豆	种子表面有皱褶，株高 279.0cm，单株分枝数 6.33 个，单株荚数 27 个，单株产量 20.2g，籽粒小，百粒重 21.31g	优质、抗性淀粉含量高
P510504021	麻豌豆	株高 208.67cm，单株分枝数 7.67 个，单株荚数 51.67 个，单株产量 31.2g，百粒重 20.00g	荚多高产
P513326011	大麻豌豆	株高 273.0cm，单株分枝数 10.33 个，单株荚数 55.67 个，单株产量 27.0g，百粒重 27.95g	荚多高产、高分蘖，适宜鲜食嫩荚
P510723002	盐亭豌豆	株高 204.5cm，单株分枝数 11.0 个，单株荚数 82.0 个，单株产量 20.4g，百粒重 14.27g	早熟、荚多高产

2. 四川豌豆种质资源白粉病抗性及分子鉴定

在温室条件下对四川省农业科学院作物研究所保存的 400 份豌豆种质资源进行了白粉病抗性鉴定，同时利用 7 个与已知豌豆抗白粉病基因连锁的分子标记进行了基因型鉴定。结果表明，在鉴定的 400 份资源中，8 份表现免疫，3 份表现高抗，5 份表现抗感分离，其余 384 份均为感病；16 份抗性资源中有 10 份来自四川中部不同纬度地区，占四川资源总数的 3.3%，其中 3 份免疫资源分别来自犍为县、金堂县、大邑县，2 份抗病资源来自会理县、高县，5 份表现为抗感分离的资源分别来自会理县（2 份）、昭化区、绵阳市、眉山市，其余 6 份为国外引进资源；采用 7 个分子标记将 400 份种质资源区分为 39 个标记基因型（项超等，2021）。

二、豆类作物种质资源产业化情况

（一）大豆豆浆产业开发

已通过专家品鉴、具有豆浆优质口感的 6 个大豆资源永福黄豆（2019515210）、绿皮黄豆（2019513062）、绿蓝籽黄豆（P513426054）、珙县黄豆（P511526011）、黑大豆（2018517091）、旺苍黄豆（2019512118）经提纯复壮后，已返回原产地进行扩繁、生产，同时液相色谱-质谱联用（LC-MS）试验发现，豆浆的氨基酸组分非常丰富，在检出的 185 种物质中，发现了有益健康的不饱和脂肪酸和丰富的氨基酸组分，但同时糖类物质含量较高，因此口感较好。

（二）丹巴黄金荚产业

黄金荚是丹巴县地方特色蔬菜品种，种植历史悠久，由于单产低，种植面积不断减少。四川"第三次全国农作物种质资源普查与收集行动"全面启动后，丹巴县农作物种质资源普查与征集行动工作组在当地甲居镇甲居三村一家农户门前一块近 0.3 亩地里发现了该资源。通过与户主交流，征集行动工作组开始到丹巴县各地调查了解当前黄金荚种植情况，发现正如该户主所说，丹巴县内种植黄金荚的农户很少，主要在沿河的梭坡乡、革什扎镇和章谷镇，且基本在自家田边地角种植供自家食用，没有成片种植。工作组采集该资源并及时向上级部门作详细汇报。

资源征集小组反馈的信息得到了县委县政府的高度关注。2019 年，丹巴县将黄金荚作为当地特色优异资源注册了地理商标，黄金荚原名金黄豆，注册后更名黄金荚。2020 年，省财政支持新建黄金荚种质资源圃，实施了黄金荚种质资源保护项目，产出优质豆种 5000 斤（1 斤=500g，后文同），每亩单产提高 200 斤左右，可提供 800 亩左右的优质种源。丹巴县将黄金荚作为全县一大扶贫产业来重点发展，与成都"盒马鲜生"签订了战略合作协议，通过"公司+合作社+基地"的方式在墨尔多山镇前进村、八科村订单种植黄金荚，种植面积由原来的 200 亩增加到 2000 余亩，每户年增收 5000 余元。上述措施推动了黄金荚种质资源的市场开发和品牌建设，提高了知名度，在农业生产中对优异种质资源保种保护、扩繁利用起到了积极带动作用。

第九章

四川果树、茶树、桑树种质资源多样性及其利用

第一节　果树种质资源

一、果树种质资源基本情况

（一）果树种质资源的发掘和利用途径

1. 果树种质资源是果树育种工作的科研基础

种质资源是作物品种改良的原始材料和基因来源，是 35 亿年植物进化史中形成的宝贵财富，对果树育种工作具有重要意义。虽然近年来通过生物技术育种和基因编辑等技术加速了种质资源创新的进程，但这些创新出来的种质在大自然为我们提供的种质库面前不过是沧海一粟。因此，果树育种工作成效的大小，很大程度上取决于掌握种质资源的数量多少和对其性状表现及遗传规律的研究深度。

2. 果树种质资源是现代果树产业的生产实践基础

果树种质资源为现代果树产业的发展提供了众多优异的品种和砧木等生产实践基础，如四川大渡河流域是世界公认的栽培枇杷发源地，现有枇杷栽培面积和产量均位居全国首位，从成都市龙泉驿区选育的大五星枇杷更是成为全世界栽培面积最大的枇杷品种；四川还是红心猕猴桃的发源地和主产区，猕猴桃科的 3 个属中有 43 个野生种或变种在我省被发现，为其驯化与栽培提供了丰富的资源宝库；此外，从我省发掘出的小金海棠、资阳香橙和川梨等地方砧木资源，具有抗盐碱或耐瘠薄等优势，是生产中广泛应用的抗性砧木资源。近年来，从四川发掘和创制出的这些优异果树种质资源有力地提升了我国果树产业的生产水平。

3. 果树种质资源是果树学理论研究的重要物质基础

不同果树种质资源具有不同的生理和遗传特性，对其进行深入研究，有助于阐明果树的起源、演变、分类、形态、生理和遗传方面的问题。苏联著名植物学家瓦维洛夫在收集来自世界各地 20 多万份植物及其近缘种的标本和种子后发现物种变异的多样性和分布存在不平衡性，并于 1930 年提出栽培作物起源中心学说。在此理论基础上，我国科学家先后证

实了桃、李、杏、梅、枣、枇杷、荔枝、猕猴桃、柑橘和梨等数十种重要果树起源于中国，极大地提高了我国果树种质资源保护与育种创新的科研地位。

4. 果树种质资源是不断发展新的栽培果树类型的主要来源

通过收集野生果树种质资源进行人工驯化，可以不断发展新的栽培果树类型，增加农民创收致富的途径。据不完全统计，目前世界上已被发现的果树种质资源共覆盖 134 科 659 属 2792 种，其中栽培种约 300 个，其余约 90% 的野生果树种质资源尚未被开发利用，由此可见发掘果树种质资源的潜力还很大。野生果树多含有丰富的营养成分，且风味独特。四川"第三次全国农作物种质资源普查与收集行动"开展以来，四川大量野生果树种质资源得到了抢救性收集与保存，如火棘（救兵粮）、野生黑莓、西康扁桃、小金光核桃、野生红心猕猴桃、八月瓜（鬼指头或猫屎瓜）、桃儿七、余甘子和拐枣等，许多野生果树种质已被用作酿酒原料、道地药材或优质食材。

（二）国内外果树种质资源收集和保存概况

1. 国外果树种质资源收集和保存情况

世界各国对种质资源工作十分重视，为充分收集利用世界植物种质资源，1974 年各国联合成立了"国际植物遗传资源委员会"（IBPGR），其中设有果树专业部门，联系并指导各国果树资源与育种创新机构。目前，世界各国果树育种创新机构将研究范围从栽培种扩大到野生种和野生近缘种，在研究方法上，已从传统的形态学、细胞学和生理生化指标鉴定转向利用分子生物学方法进行资源创新和利用，除将种质资源以整株栽植于资源圃里的传统保存外，更加重视室内试管保存，建立种质资源数据库计算机管理系统或网络系统。

美国早在 19 世纪末已逐步进行了植物种质资源的调查、收集、保存和研究利用工作，设立了"国家植物遗传资源局"（PGRB），建立了国家植物种质管理系统，并开展了规范化、系列化工作，有许多经验值得借鉴。1981 年美国率先创建了 8 个国家果树无性系种质库（NCGR），分设在不同地点，担负着 46 种主要果树的野生资源和品种类型材料的保存与研究利用任务，目前共保存果树种质资源 27 335 份；日本农林水产省于 1965 年设立了种苗引入科，并在果树试验总场建立隔离室和温室等设施，将 13 种主要果树及其他果树分别保存在 11 个不同地区；英国布罗格德果树品种试验站收集保存苹果种质资源 2200 余份、梨和李 450 余份、甜樱桃 240 余份。

此外，俄罗斯克里米亚地区尼基塔植物园收集保存果树品种达 3000 份，中亚试验站收集保存果树种质资源 4900 份，保加利亚收集保存果树种质资源 5056 份，捷克 2831 份，波兰 2188 份，罗马尼亚国家原始材料圃收集保存各种果树品种 2951 份，韩国果树研究所资源圃已保存 15 种果树、1597 个品种、52 个野生类型和 110 个砧木资源。由此可见世界各国都十分重视果树种质资源的收集和保护工作（表 9-1）。

2. 我国果树种质资源收集和保存概况

中国的果树种质资源为世界果树的发展作出了重要贡献。Ernest Henry Wilson 在对中国进行了 10 年的资源考察后于 1913 年撰写了《一个博物学家在华西》（*A Naturalist in Western China with Vasculum Camera and Gun*）一书，1929 年再版易名为《中国：世界园林

表 9-1　世界各国果树种质资源保存情况

国家	地点	保存的果树种质资源类别	份数
美国	加利福尼亚州	猕猴桃、柿、无花果、核桃、果桑、油橄榄、阿月浑子、石榴、桃、李和葡萄	27 335（美国的园艺作物种质资源总数）
	俄勒冈州	榛、草莓、梨、醋栗、黑莓、树莓、越橘和酸果蔓越莓	
	纽约州	苹果和葡萄	
	得克萨斯州	山核桃和栗	
	加利福尼亚州	柑橘类及其近缘属和椰枣	
	佛罗里达州	柑橘、柠檬、甜橙和葡萄柚	
	佛罗里达州等	巴西坚果、咖啡、杧果、香蕉、鳄梨、可可、枣	
	夏威夷州	凤梨、阳桃、桃、番木瓜、橄榄、荔枝、昆士兰栗、红毛丹、西番莲和番石榴	
日本	盛冈、新庄和上北等	苹果	5 200（日本的园艺作物种质资源总数）
	东京和新庄等	梨	
	盛冈和新庄	西洋梨	
	东京和宫崎浦	桃	
	东京	桃、李、杏、板栗	
	安艺津和山梨	葡萄	
	盛冈和上北	核桃	
	安艺津	柿	
	盛冈	樱桃	
	兴津和口之津	柑橘	
	兴津和长崎	枇杷	
英国	布罗格德果树品种试验站	苹果、李、梨、甜樱桃等	2 890
俄罗斯	克里米亚地区尼基塔植物园	/	3 000
	中亚试验站	/	4 900
保加利亚	/	/	5 056
捷克	/	/	2 831
波兰	/	/	2 188
罗马尼亚	国家原始材料圃	/	2 951
韩国	韩国果树研究所资源圃	1 597 个品种、52 个野生类型和 110 个砧木资源	

注："/"为各国官方网站或参考文献公布的数据，但缺乏具体保存地点和种质资源类别信息

之母》。据不完全统计，全世界 45 种主要果树包含了 3893 个植物学种，其中起源于中国的为 725 种，占世界的 18.62%；45 种主要果树作物种类栽培种中有 15 种起源于中国或部分起源于中国，占 33%；大宗果树起源于中国的野生种数量占世界的 56.13%，如苹果、梨、葡萄、桃、李、杏、枣、核桃、柑橘、枇杷、龙眼、荔枝等。为保护和利用丰富的果树种质资源，我国从 20 世纪 80 年代起逐步建立起"国家级果树种质资源圃+野生果树保护区+野生果树保护点"的多级果树种质资源保护体系。中国农业科学院于 1979 年 6 月在重

庆市主持召开了"全国果树科研规划会议",会议制定了果树种质保存统一规划,决定建立国家果树种质资源圃并编写果树志。20 世纪 80 年代,15 个国家果树种质资源圃建立并得到世界银行贷款资助;1989 年共有 16 个国家级果树种质资源圃建成。此后,又有国家山葡萄圃、果梅杨梅圃、猕猴桃圃、伊犁野苹果圃、热带果树圃等逐步建成。截至 2022 年,中国共设立了 21 个国家级果树种质资源圃和 1 个国家级园艺作物种质资源圃(表 9-2),保存的果树种质资源达 24 562 份,位居世界第二位。2019 年 12 月 30 日国务院发布《国务院办公厅关于加强农业种质资源保护与利用的意见》(国办发〔2019〕56 号),明确实施国家和省级两级管理,建立国家统筹、分级负责、有机衔接的保护机制。随后山东、四川、海南和贵州等省份也加快建设地方种质保存中期库(圃),并加强了果树种质资源的原生境保存圃建设力度。

表 9-2 我国现有国家级种质资源圃保存果树种质资源情况

种质圃名称	种质资源份数	种质圃名称	种质资源份数
国家果树种质兴城梨、苹果圃	2394	国家果树种质广州荔枝、香蕉圃	642
国家果树种质郑州葡萄、桃圃	2908	国家果树种质福州龙眼、枇杷圃	1071
国家果树种质重庆柑橘圃	1753	国家果树种质北京桃、草莓圃	865
国家果树种质泰安核桃、板栗圃	888	国家果树种质熊岳李、杏圃	1439
国家果树种质南京桃、草莓圃	1070	国家果树种质沈阳山楂圃	470
国家果树种质新疆名特果树及砧木圃	829	国家果树种质左家山葡萄圃	415
国家果树种质云南特有果树及砧木圃	1274	国家果梅杨梅种质资源圃	500
国家果树种质眉县柿圃	817	国家猕猴桃种质资源圃	1200
国家果树种质太谷枣、葡萄圃	1448	新疆伊犁苹果种质资源圃	60
国家果树种质武昌砂梨圃	1107	国家热带果树种质资源圃	468
国家果树种质公主岭寒地果树圃	1430	国家西南特色园艺作物种质资源圃(成都)	1514

此外,为了保护丰富的野生果树种质资源,我国还建有 15 个野生果树保护区和新疆维吾尔自治区新源县野苹果、吉林省长白朝鲜族自治县野生海棠、湖南省道县野生柑橘、陕西省周至县野生猕猴桃共计 4 个野生果树保护点。

二、果树种质资源的分布和类型

(一)果树种质资源的主要分布特征

四川是我国果树种质资源的过渡和交汇地带,属于全球生物多样性的热点地区,是我国果树种质资源最为丰富的地区之一。本次普查与系统调查行动共收集并入库果树种质资源 583 份,其中征集资源 455 份、系统调查资源 128 份,覆盖全省 21 个市(州)(表 9-3)。经整理和归纳,本次收集到的果树种质资源具有以下两个分布特征:一是以成都等为代表的四川盆地经济发达地区采集到的地方品种资源比例高且类型相似,但部分山区有资源分布热点。成都市是本次调查行动中采集并入库果树种质资源最多的城市,具有丰富的野生猕猴桃种质资源(80 份)的龙门山脉和具有桃、柑橘和枇杷等地方品种的龙泉山脉成为两个资源热点地区。二是以甘孜、阿坝、雅安和凉山等为代表的川西地区，种质资源类型丰富且野生种质所占比例极高，以猕猴桃、苹果、桃和李等为代表的野生果树种质资源在川西地区广泛分布。其中，甘孜州的果树种质资源类型最为丰富，共收集到 13 种，随后依次为阿坝州（12 种）、雅安市（12 种）和凉山州（11 种）。

表 9-3　四川"第三次全国农作物种质资源普查与收集行动"收集的果树种质资源分布情况

市（州）	种质资源份数	占比/%	市（州）	种质资源份数	占比/%
成都市	123	21.10	巴中市	18	3.09
甘孜州	56	9.61	遂宁市	15	2.57
阿坝州	56	9.61	达州市	15	2.57
雅安市	48	8.23	广安市	14	2.40
凉山州	45	7.72	内江市	11	1.89
绵阳市	34	5.83	南充市	10	1.72
乐山市	29	4.97	德阳市	9	1.54
宜宾市	26	4.46	自贡市	7	1.20
广元市	21	3.60	资阳市	4	0.69
眉山市	20	3.43	攀枝花市	3	0.51
泸州市	19	3.26	合计	583	100.00

从种质资源的地理分布特征来看，四川果树种质资源垂直分布在海拔 450~4500m。随着海拔的上升，常绿果树种质资源的种类数逐渐减少，超过海拔 3000m 后，基本为落叶果树且种类数也递减。而四川果树种质资源在水平分布上可划分为四川盆地区、盆周山地区、川西南山地区、川西高山峡谷区和川西北高原区共 5 个区域，且主要集中分布于盆周地区。该区域内种类最丰富，这与该区有良好的水热条件和人为干扰少等因素分不开，而种类最少的地区是川西北高原区，因为这里生境条件严酷，限制了野生果树的生长发育，主要分布一些高寒灌木果树如沙棘属（*Hippophae*）、悬钩子属（*Rubus*）、茶藨子属（*Ribes*）、小檗属（*Berberis*）和栒子属（*Cotoneaster*）等。四川盆地区的种数也很少，这与该区人口众多、土地被大面积开垦、森林面积少有关。种数居于中等的是川西南地区和川西高山峡谷区。

（二）果树种质资源的主要类型

根据第二次全国农作物种质资源普查数据、参考文献和植物标本资料分析，四川有记录的果树种质资源涵盖 37 科 72 属 642 种 183 变种、变型和亚种，其中常绿果树和落叶果树分别为 170 份和 655 份，而根据形态特征来划分，小乔木和灌木类最多（531 份），其次为乔木类（150 份）和藤本类（144 份）。植物学分类结果显示，四川果树种质资源主要分布在蔷薇科（Rosaceae）、忍冬科（Caprifoliaceae）、小檗科（Berberidaceae）、猕猴桃科（Actinidiaceae）、虎耳草科（Saxifragaceae）和山茱萸科（Cornaceae），占总资源份数的 76.85% 以上，而其他 31 科共有 49 属 191 种（含种下单位），分别占总属数、总种数的 68.06%、23.15%。此外，四川果树种质资源的果实类型也十分丰富，几乎覆盖浆果、柑果、核果和仁果等所有类型。

而本次普查与系统调查行动共收集并入库的果树种质资源主要涉及 22 种果树，包括浆果类 7 种、核果类 6 种、仁果类 6 种、坚果类 2 种以及柑、橙、柚、柠檬等柑橘（表 9-4）。这些资源具有以下两个特征：一是果树资源为地方特色产业发展提供了重要基础，果树主产区的种质资源多样性较高。猕猴桃（165 份，约占 28%）、李（83 份，约占 14%）、桃（56 份，约占 10%）、苹果（41 份，约占 7%）、柑橘（40 份，约占 7%）、柿（37 份，约占 6%）、核桃（24 份，约占 4%）、梨（24 份，约占 4%）、樱桃（23 份，约占 4%）和枇杷（20 份，约占 3%）是本次收集到的果树种质资源中数量较多的 10 种果树，除柿以外，其余 9 种果树在我省的栽培面积均超过 45 万亩，在我省具有较好的产业基础。二是复杂多变的气候类型和垂直高差提升了我省果树种质资源的多样性。除典型的热带果树种质资源外，从亚热带常绿果树（芭蕉、荔枝、龙眼等）到温带落叶果树（苹果、梨、桃等）在我省均有分布，甚至部分中温带果树在四川低纬度高海拔地区也可以正常繁殖，拓展了我国果树种质资源的分布地区。

表 9-4　四川"第三次全国农作物种质资源普查与收集行动"收集的主要果树种质资源分类

序号	类别	种质资源份数
1	浆果类：猕猴桃、葡萄、柿、芭蕉、刺梨、胡颓子及树莓	222
2	核果类：桃、樱桃、李、杏、梅、枣	191
3	仁果类：苹果、枇杷、海棠、梨、荔枝、龙眼	98
4	柑果类：柑、橙、柚、柠檬等柑橘	40
5	坚果类：核桃、板栗	32
	合计	583

三、果树种质资源保存体系

种质资源是现代果树产业的生产实践基础和保护生物多样性的国家战略基础，我省已形成"两级管理、分级负责、有机衔接"的果树种质资源保护机制。为全面提升四川对中国西南地区园艺作物种质资源的保存能力和水平，2017 年 12 月 8 日农业部下达《农业部关于 2018 年现代种业提升工程内蒙古自治区阿左旗野生肉苁蓉和科右前旗野大豆原生境保护区等 5 个项目可行性研究报告的批复》（农计发〔2017〕189 号），同意由四川省农业科学院园艺研究所建设国家西南特色园艺作物种质资源圃（成都），保存对象主要包括枇杷、梨、猕猴桃、苹果、草莓、桃、李、杏、樱桃等特色果树资源以及地方特色蔬菜资源。2022 年 6 月，国家西南特色园艺作物种质资源圃（成都）顺利竣工并承接"第三次全国农作物种质资源普查与收集行动"收集的果蔬种质资源保存任务，成为四川保存种质资源种类和份数最多、面积最大的国家级种质资源圃，进一步强化了我国保护西南地区生物多样性的战略布局。此后，为加强地方果树种质资源的保护和利用工作，四川省农业农村厅启动了四川农业种质资源保护单位（第一批）建设项目，于 2021 年建成 7 个省级果树种质资源圃，逐步形成了"国家级果树种质圃和农业农村部园艺种质创制重点实验室+省级果树种质圃"两级管理、分级负责、有机衔接的保护机制。

四、果树种质资源产业化情况

四川面积辽阔，地势起伏大、地形复杂，气候类型多样，为果树种质资源的多样性和产业发展的特异性提供了优越条件。经过多年努力，四川已形成了以果树种质资源为基础，"早熟、晚熟和优质"为特色，多生态型特色水果快速发展的产业格局，建成了一批独具特色的优势产区和一大批标准化、现代化生产基地。据统计，目前四川果树栽培总面积达1210.35万亩，总产量达1084万t，全省130个县（市、区）发展果树产业，覆盖度高达72%。全省果树栽培面积40万亩以上的大县有3个，20万亩以上的县有15个，10万亩以上的县有34个。

此外，独具熟期优势和品质优势的特色水果在国内享有盛誉，如晚熟柑橘栽培面积达250.05万亩以上，产量230万t以上，均位居全国第一，其上市时间为12月至翌年5月，正是国内鲜果供应淡季；攀西地区晚熟杧果栽培面积达80万亩以上，上市时间多在9～11月，成为全国纬度最北、海拔最高、品质最优、最晚熟的杧果生产基地；全省猕猴桃栽培面积达75万亩以上，其中以红阳为主的红心猕猴桃占80%以上，是全球最大的红心猕猴桃生产基地；全省柠檬栽培面积达67.95万亩，面积、产能和市场占有率占全国的80%以上，是全国柠檬商品化栽培最早和最大的产区；全省石榴栽培面积49.05万亩，已成为全国最大的产区，全年2400h以上的日照时数造就了会理石榴果大、皮薄、色鲜、汁多、籽软等特色；全省早熟桃栽培面积达40.05万亩以上，是全国两大早熟桃产区之一，龙泉水蜜桃更是因其甜美多汁、粉嫩艳丽，连续多年占据东部沿海城市各大商超。此外，我省早熟梨、枇杷在全国也占有极其重要的地位；川南晚熟荔枝和龙眼产区是全国距离海岸线最远、同纬度海拔最低、同一品种最晚熟的生产基地；岷江河谷的甜樱桃、雅砻江流域的苹果、金沙江赤水河流域的脐橙、安宁河流域的鲜食葡萄、大巴山的脆李等特色果品也深受市场欢迎。

第二节　茶树种质资源

一、茶树种质资源基本情况

茶（*Camellia sinensis*）属于山茶科（Theaceae）山茶属（*Camellia*）茶组（Section *Thea*）植物，是世界三大饮料作物之一，也是我国山区的重要经济作物之一。

四川介于26°03′N～34°19′N、97°21′E～108°12′E，位于西南腹地，处于青藏高原与长江中下游平原的过渡带。四川境内高低悬殊，具有复杂的地理与生态环境，由山地、丘陵、平原、盆地和高原构成；分属三大气候，分别是四川盆地中亚热带湿润气候，川西南山地亚热带湿润气候以及川西北高山高原高寒气候。四川属于我国西南茶区，被认为是茶树次生起源地之一。当前四川有32个茶叶主产县，年平均气温16～18℃，无霜期240～280天，降水量充沛，年降水量1000～1200mm，但降水分布不均衡，多集中在夏秋季，冬春易发生干旱。截至2022年，四川茶园面积605.38万亩，位居我国第三，仅次于云南、贵州（图9-1）；茶园开采面积534.55万亩，产量36.63万t，位居第三，仅次于福建、云南（图9-2）。

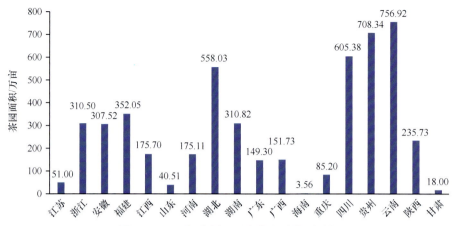

图 9-1　2022 年我国主要产茶省份茶园面积
数据来源：中国茶叶流通协会

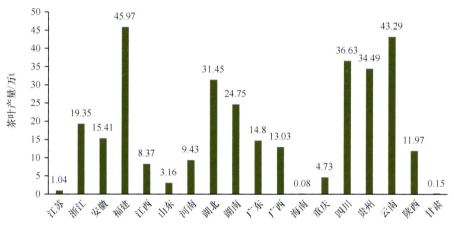

图 9-2　2022 年我国主要产茶省份茶叶产量数据
数据来源：中国茶叶流通协会

　　四川也被认为是最早种植茶树、利用茶的地区。《华阳国志·巴志》中记录在 3000 多年前的商周时期巴蜀就已有茶园及以茶纳贡；"武阳买茶"（今四川彭山区）则是我国最早的茶市记载。因此，经过长期的自然演化和人工栽培的影响，孕育了丰富的茶树种质资源，包括优良的地方品种（系）、野生茶树资源以及选育良种等。古蔺、叙永、合江、宜宾、筠连、雷波、崇州、荥经等地有乔木或小乔木型野生茶树；四川中小叶群体种、南江大叶、古蔺牛皮茶、崇庆枇杷茶等属于优良有性群体种；茶树品种有福鼎大白、福选 9 号、名山 131、特早 213、峨眉问春、天府 5 号、天府 6 号、川茶 2 号、川茶 3 号、三花 1951、乌牛早、中黄 1 号、中黄 2 号、黄金芽等。这些茶树种质资源是我省茶树新种质创制、新品种选育的重要物质基础和基本育种素材，也是我国茶树遗传多样性组成的重要部分。

二、茶树种质资源的分布和类型

　　茶树种质资源是茶产业发展的基础，通过"第三次全国农作物种质资源普查与收集行动"（2018～2023 年），在 42 个县（区）共调查征集茶树种质资源（包括其他特种饮用茶类）140 份，其中收集茶树种质资源 111 份，包含 30 份野生茶树（占比 21.4%）、81 份地方茶树品种（占比 57.9%），其他特种饮用茶类 29 份（占比 20.7%）。

茶树种质资源主要集中分布在山区，且茶产业发达的县（区），茶树种质资源分布数量较多。目前我省茶树种质资源有 4 个较为集中的分布点：一是川中平原与川西高原接壤的分布点，以名山区、荥经县和洪雅县为代表，辐射周边共 12 个县（区），主要分布的资源类型有茶树地方品种、老鹰茶、甜茶等。该区域征集到的茶树地方良种，除来源于四川中小叶群体种外，还来自 20 世纪 80～90 年代在蒙顶山脉周边的野生茶树资源，通过移栽驯化获得。二是川南长江上游（金沙江）沿线和云贵接壤的地区，以雷波县、叙州区、叙永县、古蔺县、合江县为主及周边共 11 个县（区）。此区域属于云贵高原过渡地带，以分布野生乔木型茶树资源为主，如雷波大茶、古蔺大树茶等，且分布数量较大。但在调查过程中发现，随着城镇化进程，人为砍毁、自然灾害等导致茶树死亡的情况较多，存在一定的资源损失。三是龙门山脉一带，包括青川县、平武县、江油市、北川羌族自治县、都江堰市，主要分布野生灌木型茶树资源、茶树地方品种等，如平武泗耳贡茶、北川苔子茶等。四是川东地区，包括南江县、通江县、旺苍县、平昌县、宣汉县、大竹县、前锋区，主要分布野生小乔木型、灌木型茶树资源，地方茶树品种等，如南江金碑贡茶、高阳贡茶等。另外，川西高原地区包括白玉县、炉霍县、雅江县主要分布俄色茶资源，茶树地方品种在九龙县、德昌县、盐边县零星分布，会东县则主要是老鹰茶资源。

从县（市、区）分布（图 9-3）来看，四川茶树种质资源较集中分布在名山区（16份）、南江县（14 份）、青川县（9 份）、古蔺县（8 份）、通江县（8 份）、都江堰市（7份）、长宁县（6 份）、夹江县（6 份），合计占收集资源总数的 52.86%；其次，荥经县、峨边彝族自治县、丹棱县、井研县、兴文县、北川县共收集茶树种质资源 19 份，占收集总数的 13.57%；其余 28 个县（市、区）共收集茶树种质资源 47 份，占收集资源总数的33.57%。

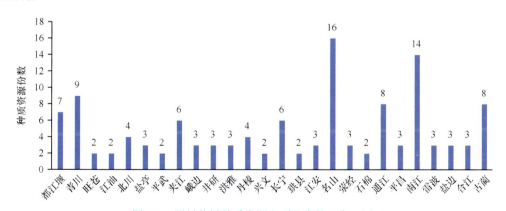

图 9-3　四川茶树种质资源主要分布县（市、区）

从资源分布地理位置来看，种质资源主要分布在 26.3309°N～32.5003°N、99.2285°E～107.6268°E，分布海拔为 308～3300m，其中 14.29% 的资源分布在 300～600m、75.71% 的资源分布在 600～1200m、海拔高于 1200m 的资源占 10.0%。茶树种质资源主要分布在海拔 600～1200m，海拔 2100m 则是极限，在 1200～2100m 仅征集到 5 份茶树种质资源，除乔木型荥经枇杷茶外，多为灌木型实生群体种，属于 20 世纪 50～60 年代种子撒播，来源可能是福建群体种或云南群体种。另有 4 份其他特种饮用茶类资源的分布海拔超过 2400m，主要是雅江县、白玉县、炉霍县的 3 份俄色茶资源，俄色茶属于蔷薇科苹果属的变叶海棠，大乔木，为野生资源，目前当地发展俄色茶产业，对资源进行矮化种植。

三、茶树种质资源鉴定

根据《茶树种质资源描述规范》要求，研究人员对繁育的部分茶树种质资源的树型、树姿、叶形、叶长、叶宽、发芽密度及百芽重（1 芽 3 叶）进行了田间观测鉴定。30 份茶树种质资源鉴定信息见表 9-5，7 个性状初步鉴定结果详见表 9-6。

表 9-5　30 份茶树资源的基本信息

序号	样品编号	种质类型	序号	样品编号	种质类型
1	P510131020	地方品种	16	P511921069	地方品种
2	P511028016	地方品种	17	P513424022	地方品种
3	P511181009	地方品种	18	P513427031	地方品种
4	P511423015	地方品种	19	P511922032	地方品种
5	P511722005	地方品种	20	P511922033	地方品种
6	P510723025	地方品种	21	P511803001	品系
7	P510723026	地方品种	22	P511803002	品系
8	P510723029	地方品种	23	P511803003	品系
9	P510821020	地方品种	24	P511803004	品系
10	P511123006	地方品种	25	P510726016	地方品种
11	P511123023	地方品种	26	P511024006	地方品种
12	P511123043	地方品种	27	P510921013	品系
13	P511425021	地方品种	28	P511803005	品系
14	P511603017	地方品种	29	P511803007	品系
15	P511822016	地方品种	30	P511803006	品系

表 9-6　30 份茶树资源性状初步鉴定结果

采集编号	树型	树姿	叶形	叶长/cm	叶宽/cm	发芽密度	百芽重/g
P510131020	灌木	半开张	椭圆	8.7	3.6	中	26.5
P511028016	灌木	半开张	长椭圆	10.5	4.1	中	30.2
P511181009	灌木	半开张	椭圆	9.2	3.8	中	29.0
P511423015	灌木	开张	椭圆	9.7	3.9	中	27.5
P511722005	灌木	开张	椭圆	9.5	3.8	中	28.5
P510723025	灌木	开张	长椭圆	9.4	3.6	中	27.0
P510723026	灌木	开张	长椭圆	9.5	3.4	中	24.5
P510723029	灌木	半开张	长椭圆	9.3	3.5	中	26.5
P510821020	灌木	半开张	长椭圆	10.3	3.9	中	27.0

续表

采集编号	树型	树姿	叶形	叶长/cm	叶宽/cm	发芽密度	百芽重/g
P511123006	灌木	半开张	长椭圆	10.4	3.8	中	30.5
P511123023	灌木	半开张	长椭圆	11.3	4.2	中	29.0
P511123043	灌木	半开张	椭圆	10.8	4.4	中	29.5
P511425021	灌木	半开张	椭圆	10.4	3.9	中	26.0
P511603017	灌木	开张	长椭圆	10.8	3.9	中	25.5
P511822016	乔木	直立	长椭圆	14.6	6.8	稀	44.2
P511921069	灌木	半开张	椭圆	11.1	4.5	中	26.5
P513424022	小乔木	半开张	长椭圆	12.6	4.7	中	31.0
P513427031	灌木	半开张	长椭圆	11.0	4.1	中	28.5
P511922032	灌木	半开张	长椭圆	8.9	3.2	中	24.5
P511922033	灌木	半开张	长椭圆	10.2	3.5	中	23.0
P511803001	灌木	半开张	长椭圆	11.8	4.2	中	24.5
P511803002	灌木	半开张	椭圆	10.9	4.3	中	25.0
P511803003	灌木	半开张	长椭圆	10.4	3.9	中	24.5
P511803004	灌木	半开张	长椭圆	11.8	4.4	中	26.0
P510726016	灌木	半开张	椭圆	8.4	3.5	中	24.5
P511024006	灌木	半开张	长椭圆	10.3	3.7	中	25.0
P510921013	灌木	半开张	长椭圆	11.0	3.8	中	26.5
P511803005	灌木	半开张	长椭圆	9.7	3.4	中	28.5
P511803007	灌木	直立	长椭圆	11.5	3.8	中	29.0
P511803006	灌木	开张	长椭圆	10.8	3.5	中	29.0

在 30 份茶树种质资源描述型性状（树型、树姿、发芽密度、叶形）中，28 份资源树型为灌木，仅 P511822016 为乔木、P513424022 为小乔木；树姿表现为半开张 22 份（占比 73.3%），开张 6 份（占比 20%），直立 2 份（占比 6.7%）；30 份茶树种质资源的发芽密度主要表现为中等；叶形主要表现为椭圆形 9 份（占比 30%），长椭圆形 21 份（占比 70%）。在数值型性状（叶长、叶宽、百芽重）中，30 份资源的叶长最小值为 8.4cm，最大值为 14.6cm；叶宽最小值为 3.2cm，最大值为 6.8cm；百芽重最小值为 24.5g，最大值为 44.2g。

第三节　桑树种质资源

一、桑树种质资源基本情况

我国是蚕桑生产的起源中心，具有悠久的历史。从出土文物考证，5000～7000 年前在山西省夏县西阴村仰韶文化遗址中发现了"半割的茧壳"，证实了新石器时代就有养蚕业的存在。此外，殷商时代的甲骨文中出现了蚕、桑、丝等象形字，说明 3500 年前我国桑树栽培技术已有较高水平。据文献记载，蚕桑生产技术向外传播，首先是丝绸的输出，然后才是蚕种、桑种和技术外传。汉朝张骞开辟了"丝绸之路"，将丝织物传到中亚和欧洲。《史记》和《汉书》中也有关于周初箕子在朝鲜传播田蚕织作的记载，以及 2 世纪前后传入日本的记载。我国桑树品种资源丰富，历代劳动人民在生产实践中选育出许多桑树品种。《尔雅》中有女桑、檿桑和山桑等记载，而《齐民要术》和《王祯农书》则分别介绍了荆桑和鲁桑等品种。随着桑树栽培的发展，品种数量越来越多，包括密眼青、白皮桑、荷叶桑、鸡脚桑、扯皮桑、尖叶桑等。明末《沈氏农书》和清初张炎贞的《乌青文献》也有关于桑树品种的记载。

在 20 世纪 50 年代，全国征集到的桑树地方品种有 400 多份，这些品种形态多样，特性各异，适应不同地区和栽培条件。20 世纪 70 年代以来，全国主要蚕区有组织、有计划、广泛深入地开展桑树品种资源的收集、整理与利用工作，先后对西藏、神农架、海南岛，以及四川、陕西、贵州、广西及湖南山区，三峡库区、江西南部、广东北部、云南、河北、新疆等重点地区进行了资源考察，基本摸清了全国桑树种质资源概况及不同桑种的水平分布与垂直分布。经过整理和鉴定，探明中国有 15 个种 4 个变种，是目前世界上桑种分布最多的国家，迄今全国已收集整理了各种类型桑树种质资源 3000 余份。四川是中国桑树品种资源较为丰富的省份之一，桑树品种类型多、分布广，现存桑树种质资源 1500 余份，有圆叶桑（川桑）、白桑、华桑等品种。

蚕桑产业是我国农民脱贫致富奔小康的重要传统产业，到 2020 年，我国蚕桑生产遍及 28 个省（自治区、直辖市）1300 多个县（市），桑园面积 945 万～1380 万亩，约有 1000 万蚕农从事蚕桑生产。目前，四川的桑园面积达 220.05 万亩，居全国第二位，蚕茧产量居全国第三位，生丝产量居全国第一位，总体规模位居全国前三，在国际、国内市场上占有重要的地位。产业的快速发展，推动了优异桑树种质的生产直接利用和育种间接利用，促进了中国桑树良种化，其中，四川的大花桑、黑油桑，浙江省的荷叶白（湖 32 号）、桐乡青（湖桑 35 号），广东省的广东桑，安徽省的大叶瓣，山东省的大鸡冠、小鸡冠等都是优良的品种资源。

随着农业生产的发展及中国城镇化速度的加快，许多桑树原生境都可能受到侵害，因此必须及时对这些地区的桑树种质资源加以收集保存。中国西部有着十分丰富的桑树种质资源，在实施西部大开发战略的过程中，必须加紧桑树种质资源的收集、整理和保存，避免种质资源特别是稀有种质资源的丢失。总之，我国是蚕桑生产的起源中心，具有悠久的历史和丰富的品种资源。这些资源是育种的重要材料，在生产利用上也发挥了很大的作用。本次普查共征集收集桑树种质资源 57 份，为地方品种或野生资源，抢救性收集了奶桑、嫘桑、花桑等一批优异的桑树种质资源。

二、桑树种质资源的分布和类型

（一）桑树种质资源分布

四川面积辽阔，地形、气候复杂多样，在这种环境下，出现了多种多样的桑树品种类型。至今在峨眉山上千年以上的古桑——峨眉岩桑树身高大，生长繁茂；四川西部的雅安市石棉县上千亩的原始群生华桑枝叶苍翠，经久不衰。桑树资源多分布于边缘山区原始林带，海拔 500～3500m 的地理垂直带，26°03′N～34°19′N、97°21′E～108°12′E，由于生长环境的影响，其叶形、叶尖、叶缘、柱头、花柱等形态特征各异，可作为桑属植物分类的参考依据。其共同特点是：生活力强，适应性较广，有一定的抗逆性，抗旱、耐瘠、耐寒、抗病虫力强，根系发达，生长旺盛，发枝力强，发条数多，耐采伐等。在"第三次全国农作物种质资源普查与收集行动"中，四川新收集保存了 57 份桑树种质资源，其中征集资源42 份、系统调查资源 15 份，覆盖全省 16 个县（市、区），收集资源最多的是绵阳市盐亭县和攀枝花市盐边县（均为 8 份），其次是广安市华蓥市（6 份），收集到的桑树种质大部分为野生资源（31 份）和地方品种（26 份）。

（二）桑树种质资源类型

桑树种质资源类型一般包括育成品种、地方品种、野生资源和遗传材料，依照《农作物种质资源鉴定技术规程　桑树》（NY/T 1313—2007），对收集的桑树种质资源的植物学特征、生物学特性、经济性状、理化性状进行鉴定。发现这些资源中大部分存在生长过程中树型杂乱、侧枝多、枝条直立性较差，但发条能力强、枝条粗壮且长的特性。同时，大部分资源叶片小且薄，雌雄同株或同穗的现象较为普遍。经过重复观察发现，有 12 份资源花性较为稳定，其中 11 份开雌花、1 份开雄花（表 9-7）。

表 9-7　桑树种质资源花性调查结果

编号	花性	编号	花性	编号	花性
2018513125	♀	P510411015	♀	P511424015	♀
2018513129	♀	P510422026	♀	P511523056	♀♂
2018514087	♀	P510704004	♀♂	P511525024	♀♂
2018514088	♀	P510723041	♀♂	P511526079	♀♂
2018514089	♀	P510723045	♀♂	P511603041	♀♂
2018514092	♀	P510723046	♀♂	P511603042	♀♂
2019514049	♀♂	P510723-40	♀♂	P511603044	♀♂
2019514058	♀♂	P511124006	♀♂	P511603045	♀♂
2019514101	♀♂	P511126025	♀♂	P511603046	♀♂
2018514093	♀	P511424014	♂	P511722048	♀♂

注：♂ 为雄花，♀ 为雌花，♀♂ 为雌雄同株

对 11 份开雌花的桑树种质资源开展了经济性状调查，具体指标如下。①果长径、果横径：果长径指春季结果盛期正常桑果果蒂至果顶的长度，果横径指春季结果盛期正常桑果最粗处的横径。②单果重：指春季结果盛期单个桑果的重量。平均单果重=1000g/总粒数，设 3 次重复。③平均单芽坐果数：平均单芽坐果数=m 条坐果粒数/m 条总芽数，设 3 次重复。④桑葚糖度：采用日本爱拓数显糖度计（PAL-1 型）检测（表 9-8）。

表 9-8　11 份桑树种质资源经济性状调查结果

编号	果长径/cm	果横径/cm	平均单果重/g	平均单芽坐果数/个	桑葚糖度/%
2018513125	1.89	1.18	0.88	3.30	17.57
2018513129	10.12	0.51	3.66	2.15	18.90

续表

编号	果长径/cm	果横径/cm	平均单果重/g	平均单芽坐果数/个	桑葚糖度/%
2018514087	2.48	1.37	1.79	3.85	19.03
2018514088	2.65	1.73	2.00	2.65	17.73
2018514089	2.51	1.21	2.67	2.95	20.97
2018514092	1.95	1.24	1.04	4.40	21.60
2018514093	1.84	1.00	1.20	4.15	19.53
P510411015	1.49	0.78	0.87	2.55	18.93
P510422026	2.77	1.43	1.82	3.55	21.57
P511424015	3.12	1.69	3.27	5.10	11.37
P511526079	2.11	1.15	2.01	4.60	18.47

（三）桑树种质资源多样性变化

现已查明我省有白桑、川桑、蒙桑、华桑、鸡桑、鬼桑、山桑、鲁桑等 8 个桑种，是我国桑树品种资源的一座宝库，长期以来，一直受到中外桑树专家的重视。通过久远的栽培历史和勤劳智慧人民的选择，我省形成了许多地方品种。早在 20 世纪 30 年代科研工作者对四川桑树品种就进行了初步调查，1949 年以后，党和政府非常重视桑树品种的资源调查工作，50 年代省农业厅组织蚕桑试验站，积极开展了桑树资源调查，对全省的桑树品种进行了不同程度的调查、研究和鉴定，选出优良品种火花桑、沱桑、黑油桑、大红皮等，通称嘉定桑。70 年代后期和 80 年代全省开展了大规模的第三次桑树种质资源普查，先后在雅安、绵阳、南充、乐山、凉山等地开展了桑树种质资源调查工作，收集整理了农家型、野生型、半野生型材料 500 余个。这些桑种经过长期的自然选择和人工栽培，研究人员已从中选育出众多的优良品种，在生产上进行广泛的推广应用，得到省内外好评；此外还引种了大量国内外良好栽培品种，大都生长良好，这些品种的引进，不仅丰富了我省桑树品种资源，而且对生产起着促进作用。

第四节　果树、茶树、桑树优异种质资源发掘

1. 带绿荔枝（2019515034）

【作物及类型】荔枝，地方品种。

【来源地】泸州市合江县。

【种植历史】100 年以上。

【种植方式】区域栽种。

【农民认知】细腻化渣，香气四溢。

【资源描述】种植历史悠久，是我国熟期最晚的荔枝品种。果实短心形，果肩耸起，果顶浑圆，果皮鲜红色（图 9-4）。缝合线明显深阔，呈一条黄绿色带状。果肉白色半透明，味甜且香，肉脆汁多，细嫩化渣，核小，品质极佳。带绿荔枝生长缓慢，成活率低，属于珍稀品种。据四川省农产品质量检测中心测定，果肉含糖量高，蔗糖 5%，蛋白质 15%，脂

肪 14%，富含维生素 A、B、C，叶酸、苹果酸、柠檬酸等有机酸含量高，可溶性固形物含量达 17.4%，还含有多种矿物质元素和游离的谷氨酸、色氨酸，因此享有中华之珍品、果中皇后之美誉，独具"一果上市、百果让路"的特色。省内市场售价每千克 200～300 元。入选 2018 年全国十大优异农作物种质资源。

图 9-4　带绿荔枝挂果枝和展示图

2. 达川乌梅（P511703021）

【作物及类型】梅，地方品种。

【来源地】达州市达川区。

【种植历史】100 年以上。

【种植方式】11 月至 12 月或翌年 2 月完成栽植，海拔 550～1500m，土壤类型为紫色土，质地为壤土或黏土，pH 6.5～7.5，有机质含量≥1%，在乌梅七八成熟时采收。

【农民认知】具有果大、肉厚、酸度高等特点（图 9-5），柠檬酸含量高达 29.4%，高出《中国药典》（2020 年版）标准近一倍，可以食用，也可以入药，还可以酿酒。

【资源描述】达川区是乌梅的原生资源地，种植历史已有 600 余年，百年以上树龄的乌梅树有 1500 余株，是中药乌梅的优质原材料，具有显著的区域性和特异性，已获得地理标志产品称号。已建设的"达川区乌梅（中药材）现代农业园区"，以乌梅为主导产业，大力推行"乌梅+鸡""乌梅+生猪"生态种养循环模式和"乌梅+菜""乌梅+菜叶"等间套作模式，已形成育种、栽培和加工等产业链，乌梅年综合产值达 32 亿元，支撑了荒山变金山的地方产业经济。入选 2020 年全国十大优异农作物种质资源。

图 9-5　达川乌梅挂果枝

3. 玉带李（2020517002）

【作物及类型】李，地方品种。

【来源地】成都市龙泉驿区。

【种植历史】10 年以上。

【种植方式】散布于山坡，株行距 5m×4m。

【农户认知】晚熟，高甜，极丰产，常被老百姓称作晚熟蜂糖李或玉带李。

【资源描述】目前四川主栽李品种成熟期主要集中在 6～7 月，包括凤山早红脆（成熟期 6 月中下旬）、蜂糖李（6 月下旬至 7 月上旬）和青脆李（7 月中下旬），而玉带李果实在成都市龙泉驿区 7 月底至 8 月上旬成熟，属于晚熟品种，发育期 140 天左右，填补了四川中低海拔地区 8 月上旬缺乏优质晚熟李品种的空白。玉带李在高海拔地区成熟期为 9 月中下旬，海拔越高成熟期越晚。自花结实且丰产性强，糖度极高，可溶性固形物含量最高可达 21.5%，一般达 15%～18%，树势较强壮；玉带李果大，近圆形，单果重 50g 左右，最大果可达 80g 以上，果实成熟后果面微黄，皮薄，果实缝合线浅，呈明显水渍状条带，果实对称，肉质白黄色，成熟后橙黄色，口感松脆、化渣、浓甜，离核，汁液较少，味甜，鲜食品质上乘，常被老百姓称作晚熟蜂糖李或玉带李，于 2022 年通过四川非主要农作物品种认定委员会认定（川认果 2022001），资源实物见图 9-6。

图 9-6　玉带李

4. 小金花核桃子（P513227005）

【作物及类型】桃，野生资源。

【来源地】阿坝州小金县。

【种植历史】100 年以上。

【种植方式】散布于山坡，几乎不需要管理。

【农户认知】耐涝，丰产，高甜。

【资源描述】小金花核桃子在小金县广泛分布于峡谷山涧中，果实成熟期为 9 月上旬左右，属于陕甘山桃类种质资源。据不完全统计，该类型野生种质资源有 2000 株以上，当地藏族群众常利用该资源制作桃干、酿酒，果肉中糖含量和 γ-癸内酯含量极高，是制作桃果汁纤维素和天然桃子味香水的安全添加剂。黄肉桃是我国近年来迅速发展的栽培桃品类，但国内黄桃种质资源少、育种基础研究滞后是目前制约我国黄桃育种工作的因素。此次发现的小金花核桃子（群体）是我国首次发现的野生黄肉桃种质资源的分布群体，果实小，但香味浓郁，是发掘桃果肉香味和颜色性状的优异基因资源，也是研究黄肉桃起源和驯化的宝贵材料，资源实物见图9-7。

图 9-7　小金花核桃子果实分解图及其植株

5. 软枣子-软枣猕猴桃（P511181031）

【作物及类型】猕猴桃，野生资源。

【来源地】乐山市峨眉山市。

【种植历史】50 年以上。

【种植方式】野外生长。

【农户认知】品质好，果实甜。

【资源描述】花期在 4 月下旬，果实未成熟时果皮浓绿，9 月底成熟后果皮逐渐褪绿变红，果肉迅速软化，呈艳红色（图9-8），味道酸甜、微麻。果皮光滑，可直接食用，味道可口香甜，可生食，也可制作果酱、蜜饯、罐头、酿酒等，野外测其含糖量高达 15%。该种质资源是首次在四川境内发现的野生红心、红肉软枣猕猴桃，具有极高的育种价值。四川是我国红心猕猴桃起源地，也是红心猕猴桃栽培面积最大的产区，野生猕猴桃种质资源极为丰富。近年来，四川围绕红心、优质、高抗等育种目标，广泛收集野生红心猕猴桃种质资源并开展品种改良，目前已收集到的红心猕猴桃种质主要为中华猕猴桃和美味猕猴桃。但此次发现的野生红心、红肉软枣猕猴桃在全世界罕见，其抗性、即食性特征是以往红心猕猴桃种质所不具备的，因此可作为现有品种的遗传改良亲本。

图 9-8　软枣子-软枣猕猴桃果肉及其挂果枝

6. 苔子茶（P510726016）

【作物及类型】茶树，地方品种。

【来源地】北川羌族自治县。

【种植历史】100年以上。

【种植方式】丛栽，双行单株错窝种植。

【农户认知】茶叶滋味醇厚、香气浓郁、耐冲泡。

【资源描述】北川苔子茶（图9-9）是野生茶树在北川羌族自治县特定的环境长期生长、进化形成的一个特有品种，均是百年以上树龄的古茶树，最高年限有700年左右。该品种生长于海拔1000～1800m甚至以上的高山密林之间，受昼夜温差大、云雾多、直射日照短等自然环境影响，形成了耐寒、芽壮、叶厚、氨基酸含量高等特性，经检测北川苔子茶中，儿茶素占茶多酚的60%～80%，酯型儿茶素占儿茶素总量的70%～80%，茶叶内含物搭配合理，氨基酸含量高，是加工制作各类茶叶产品的优质原料。北川苔子茶古茶树与云南古树相比，各有特色，北川古茶树属于灌木及小乔木中叶种古茶树，有一定规模，属于古茶树群。北川苔子茶受传统采摘影响，只采春茶，不采夏秋茶，因此茶叶吸收养分时间长，从而形成内含物丰富、耐冲泡的特点。主要分布于北川羌族自治县的曲山镇、擂鼓镇、陈家坝镇、桂溪镇等11个乡镇。现有种植面积4.5万亩以上，茶叶年产量超5000t。当地以"龙头企业+合作社+大户+农户+基地"的模式带动茶农增收，共带动5000余户年增收1500元/户。

图9-9　苔子茶分解图

7. 古蔺大树茶（2018516019）

【作物及类型】茶树，地方品种。

【来源地】泸州市古蔺县。

【种植历史】100年以上。

【种植方式】丛栽，双行单株错窝种植。

【农户认知】无。

【资源描述】古蔺大茶树属于乔木或小乔木型，树高 3～15m，树径 0.18～2.30m，长势较好，伴生竹、常绿大（小）乔木、灌木、草本等植物。树势披张、半披张或直立均有分布。叶片中叶、大叶或特大叶均有分布，叶色绿或深绿，光泽性较强，叶面微隆或隆起，叶片椭圆形或长椭圆形，叶缘微波或波状，叶长 9.96～17.9cm，叶宽 5.1～8.2cm，叶尖急尖或渐尖。花白色，花瓣数 6～11 瓣，叶脉 6～11 对，花柱 3～5 裂，果实球形、肾形、三角形、四边形均有（图 9-10）。抗性中等，主要病虫害为煤烟病、茶网蝽、茶毛虫、介壳虫，个别单株抗性较强。发芽较早，一芽二叶期约在 3 月上旬，新梢浅绿或黄绿，节间较长，无茸毛或茸毛较少，个别单株显毫。古蔺大树茶一芽二叶百芽重 28～70g，水浸出物含量丰富，为 47.39%～52.52%，茶多酚含量 20.29%～25%，咖啡碱含量 5.05%～7.0%。当地老百姓多采摘一芽二三叶手工制作炒青绿茶，水浸出物丰富，滋味浓、醇厚、回甘。大茶树适合制作红茶，外形条索较紧结，色泽乌黑油润，汤色红浓明亮，滋味甜香、醇厚，叶底明亮匀整。

图 9-10　古蔺大树茶生境、花及茶果

8. 平武贡茶（P510727050）

【作物及类型】茶树，地方品种。

【来源地】绵阳市平武县。

【种植历史】100 年以上。

【种植方式】丛栽，双行单株错窝种植。

【农户认知】无。

【资源描述】属于小乔木，中小叶种。树势披张，叶色深绿，叶片椭圆形，叶面隆起，叶尖渐尖或急尖，叶缘微波状，果实肾形、三角形、四边形（图 9-11）。平武贡茶内含物丰富，适合制作名优绿茶、红茶。以春季新梢一芽一二叶制成的茶叶滋味醇厚、回甘、香气浓郁，耐冲泡，品质优异。

图 9-11 平武贡茶生境及器官分解图

9. 嫘桑（P510723040）

【作物及类型】桑树，野生资源。

【来源地】绵阳市盐亭县。

【种植历史】100 年以上。

【种植方式】采用冬芽嫁接，行距 3m×株距 3m 的单行低干树型种植模式。

【农户认知】高产、抗旱、抗病虫、品质好。

【资源描述】盐亭是嫘祖故里。相传，是黄帝的妻子嫘祖发明了养蚕。千百年来，蚕桑养殖是生活中必不可少的一部分，栽桑、养蚕代代相传。现有上百年的嫘桑树依然受到当地老百姓的喜爱。盐亭县通过积极探索建立了"联合体+农民+重要文化遗产"保护发展模式，促进企业、家庭农场、合作社、专业大户、社会化服务组织等组成盐亭县嫘祖蚕桑产业化联合体，共享在种植、管护、加工、贮藏、冷藏、销售、运输、物流配送等方面的优势长处，实现抱团发展，提升品质，进而促进休闲农业与乡村旅游业融合发展，传承保护农业文化遗产，拓展农民增收致富渠道，有力地推进遗产地自我保护和发展（图 9-12）。

图 9-12 嫘桑树体及枝叶

10. 奶桑（2018513129）

【作物及类型】桑树，野生资源。

【来源地】攀枝花市米易县。

【种植历史】600 年以上。

【种植方式】采用冬芽嫁接，行距 5m×株距 5m 的单行高干树型种植模式。

【农户认知】整树果量多且甜度高，成熟时有浓郁奶香味。

【资源描述】野生奶桑胸围约 3.5m，胸径达到了 1.1m，树高约 15m，树冠直径约 20m（图 9-13）。2 月上旬萌芽，3 月中下旬叶片成熟，属于中生中熟偏早类型，桑果 4 月下旬至 5 月中旬成熟。单芽平均挂果 3 颗，果长约 10cm，整树果量多且甜度高，成熟时有浓郁奶香味。冬芽嫁接成活率达 90%，嫁接植株生长快，枝条健壮，分枝少，叶片少见病、虫危害。采摘桑叶养蚕，家蚕喜食，对奶桑叶片的嗜好性强且摄食率高，挂果率高，品质好。奶桑果实（桑葚）的可溶性固形物含量 24.0%，可溶性糖含量 18.90%，总酸（以柠檬酸计）含量 0.53%，抗坏血酸含量 26.90mg/100g，17 种氨基酸总量 1.68%，是一个优异的果叶兼用桑树资源。

图 9-13 奶桑果实、挂果枝、胸径对比及其植株

第十章

四川蔬菜作物种质资源多样性及其利用

第一节 蔬菜作物种质资源基本情况

四川蔬菜栽培历史悠久，品种资源丰富，是全国重要的蔬菜主产区、"南菜北运"基地和冬春蔬菜优势生产区（刘娟等，2018）。2021 年四川蔬菜播种面积 2220.60 万亩，占全国蔬菜播种面积的 6.73%，仅次于河南（2637.15 万亩）、广西（2394.45 万亩）、山东（2287.05 万亩）、贵州（2271.60 万亩），居全国第五位（国家统计局，2022）。在四川农作物种植结构中，蔬菜播种面积仅次于粮食作物和油料作物，产量在各类作物中遥遥领先。在四川蔬菜生产中，以茄果类、根茎类、叶菜类、白菜类为主（图 10-1），2021 年播种面积均超过 300 万亩，占全省蔬菜播种面积的比例达 63.38%（四川省统计局，2022）。

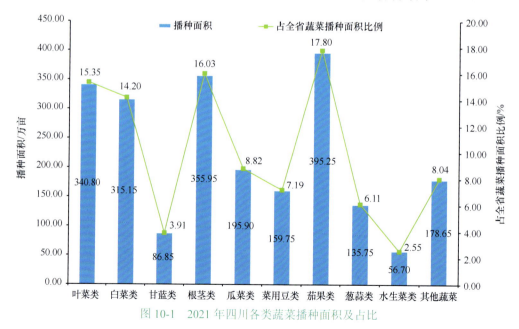

图 10-1 2021 年四川各类蔬菜播种面积及占比

四川冬无严寒、夏无酷暑、生态条件优越、气候类型多样、蔬菜栽培面积大、蔬菜种类丰富，在长期的种植过程中通过引种及栽培演化形成了丰富的蔬菜作物种质资源，如四川是芥菜的分化中心，在芥菜的 16 个变种中，茎瘤芥、笋子芥、抱子芥、凤尾芥、长柄芥和白花芥 6 个变种首先在四川形成，大头芥、大叶芥、小叶芥、宽柄芥、叶瘤芥、卷心芥和薹芥 7 个变种在四川和其他省份多点分化形成（方智远，2017）。作为全国蔬菜作物种质资源大省，四川拥有众多国内知名的优异蔬菜地方品种（中国农业科学院蔬菜花卉研究所，2009；方智远，2017）（表 10-1）。在"第三次全国农作物种质资源普查与收集行动"中，四川入库蔬菜作物种质资源 2967 份，占四川入库种质资源的 30.03%，入库资源份数仅次于粮食作物，位列第二，远超果树、经济作物和牧草绿肥作物。按照种质资源收集方式划分，征集入库蔬菜作物种质资源 1306 份，占四川入库蔬菜作物种质资源的 44.02%；收集入库蔬菜作物种质资源 1661 份，占四川入库蔬菜作物种质资源的 55.98%。

表 10-1　四川优异蔬菜地方品种

序号	蔬菜类别	作物种类	优异地方品种
1	根菜类蔬菜	萝卜	春不老萝卜、成都青头萝卜、成都枇杷缨满身红、成都半身红、郫县小黄叶
2	薯芋类蔬菜	姜	竹根姜
3	薯芋类蔬菜	芋	人头芋、乌秆枪、成都乌脚香、都江堰红芽芋、四川莲花芋
4	薯芋类蔬菜	豆薯	牧马山地瓜
5	葱蒜类蔬菜	大蒜	二水早
6	白菜类蔬菜	紫菜薹	尖叶子红油菜薹、阴花油菜薹
7	芥菜类蔬菜	根用芥菜	缺叶大头菜
8	芥菜类蔬菜	茎用芥菜	竹壳子棒菜、白甲菜头、大儿菜、抱儿菜
9	芥菜类蔬菜	叶用芥菜	鸡叶子青菜、二平桩、白秆甜青菜、白花青菜、凤尾青菜、窄板奶奶菜、宽帮青菜、花叶宽帮青菜、砂锅青菜、包包青菜
10	甘蓝类蔬菜	甘蓝	楠木叶、大乌叶、二乌叶
11	叶菜类蔬菜	菠菜	二圆叶
12	叶菜类蔬菜	芹菜	白秆芹菜
13	叶菜类蔬菜	茎用莴苣	挂丝红、尖叶子
14	瓜类蔬菜	丝瓜	线丝瓜
15	瓜类蔬菜	黄瓜	成都二早子
16	瓜类蔬菜	冬瓜	冇叶子冬瓜
17	瓜类蔬菜	苦瓜	成都大白苦瓜
18	茄果类蔬菜	辣椒	二荆条、七星椒
19	茄果类蔬菜	茄子	成都竹丝茄、成都墨茄
20	豆类蔬菜	豇豆	红嘴燕

第二节　蔬菜作物种质资源的分布和类型

一、蔬菜作物种质资源的分布

（一）普查征集蔬菜作物种质资源的分布

在开展种质资源普查的 163 个县（市、区）中，158 个县（市、区）有蔬菜作物种质资源被征集入库，共征集入库蔬菜作物种质资源 1306 份。按县域分布统计如表 10-2 所示，征集入库的蔬菜作物种质资源数量从高到低排名，位于四川前十的依次为彭州市（31 份）、简阳市（22 份）、新津区（21 份）、郫都区（19 份）、盐亭县（19 份）、安岳县（19 份）、大竹县（19 份）、青白江区（18 份）、什邡市（18 份）、西昌市（18 份）。

表 10-2　各普查县（市、区）征集蔬菜作物种质资源情况

序号	普查县（市、区）	征集种质资源份数	序号	普查县（市、区）	征集种质资源份数	序号	普查县（市、区）	征集种质资源份数
1	阿坝县	15	34	高县	6	67	理塘县	5
2	安居区	7	35	珙县	14	68	理县	1
3	安岳县	19	36	古蔺县	1	69	邻水县	6
4	安州区	7	37	广汉市	13	70	龙马潭区	3
5	巴塘县	10	38	汉源县	0	71	龙泉驿区	9
6	巴州区	3	39	合江县	9	72	隆昌市	14
7	白玉县	12	40	黑水县	4	73	芦山县	7
8	宝兴县	12	41	红原县	2	74	炉霍县	6
9	北川羌族自治县	14	42	洪雅县	6	75	泸定县	6
10	布拖县	6	43	华蓥市	7	76	泸县	1
11	苍溪县	3	44	会东县	4	77	罗江区	13
12	朝天区	2	45	会理市	5	78	马边彝族自治县	7
13	崇州市	11	46	嘉陵区	16	79	马尔康市	6
14	达川区	6	47	夹江县	13	80	茂县	7
15	大邑县	11	48	犍为县	4	81	美姑县	3
16	大英县	4	49	简阳市	22	82	米易县	7
17	大竹县	19	50	剑阁县	7	83	绵竹市	9
18	丹巴县	7	51	江安县	8	84	冕宁县	8
19	丹棱县	4	52	江油市	10	85	名山区	9
20	道孚县	5	53	金川县	1	86	木里藏族自治县	4
21	稻城县	6	54	金口河区	6	87	沐川县	7
22	得荣县	3	55	金堂县	7	88	纳溪区	13
23	德昌县	2	56	金阳县	2	89	南部县	7
24	德格县	8	57	井研县	8	90	南江县	6
25	东兴区	10	58	九龙县	8	91	南溪区	10
26	都江堰市	15	59	九寨沟县	4	92	宁南县	5
27	峨边彝族自治县	5	60	筠连县	2	93	彭山区	8
28	峨眉山市	14	61	开江县	8	94	彭州市	31
29	恩阳区	1	62	康定市	10	95	蓬安县	7
30	富顺县	2	63	阆中市	0	96	蓬溪县	7
31	甘洛县	0	64	乐山市市中区	0	97	郫都区	19
32	甘孜县	4	65	乐至县	13	98	平昌县	2
33	高坪区	9	66	雷波县	13	99	平武县	13

续表

序号	普查县（市、区）	征集种质资源份数	序号	普查县（市、区）	征集种质资源份数	序号	普查县（市、区）	征集种质资源份数
100	屏山县	4	121	双流区	15	143	宣汉县	3
101	蒲江县	15	122	松潘县	10	144	雅江县	10
102	普格县	4	123	天全县	5	145	沿滩区	10
103	前锋区	11	124	通江县	8	146	盐边县	5
104	青白江区	18	125	万源市	4	147	盐亭县	19
105	青川县	5	126	旺苍县	5	148	盐源县	5
106	青神县	10	127	威远县	11	149	雁江区	10
107	邛崃市	10	128	温江区	13	150	仪陇县	8
108	渠县	9	129	汶川县	5	151	荥经县	3
109	壤塘县	1	130	五通桥区	17	152	营山县	8
110	仁和区	15	131	武胜县	1	153	游仙区	8
111	仁寿县	10	132	西昌市	18	154	雨城区	5
112	荣县	11	133	西充县	8	155	岳池县	16
113	若尔盖县	5	134	喜德县	4	156	越西县	13
114	三台县	7	135	乡城县	1	157	长宁县	9
115	色达县	5	136	小金县	4	158	昭化区	4
116	沙湾区	9	137	新都区	13	159	昭觉县	0
117	射洪市	7	138	新津区	21	160	中江县	11
118	什邡市	18	139	新龙县	3	161	资中县	16
119	石棉县	7	140	兴文县	6	162	梓潼县	5
120	石渠县	10	141	叙永县	14	163	自流井区	3
			142	叙州区	3		合计	1306

（二）调查收集蔬菜作物种质资源的分布

在开展种质资源系统调查的 53 个县（市、区）中，50 个县（市、区）有蔬菜作物种质资源被收集入库，共收集入库蔬菜作物种质资源 1661 份。按县域分布统计如表 10-3 所示，收集入库的蔬菜作物种质资源数量从高到低排名，位于四川前十的依次为仁寿县（100份）、龙泉驿区（77 份）、芦山县（67 份）、珙县（51 份）、华蓥市（47 份）、都江堰市（45份）、米易县（45 份）、合江县（44 份）、峨边彝族自治县（44 份）、彭州市（43 份）。

表 10-3　各调查县（市、区）收集蔬菜作物种质资源情况

序号	调查县（市、区）	收集种质资源份数	序号	调查县（市、区）	收集种质资源份数	序号	调查县（市、区）	收集种质资源份数
1	龙泉驿区	77	4	米易县	45	7	古蔺县	15
2	都江堰市	45	5	盐边县	39	8	北川羌族自治县	22
3	彭州市	43	6	合江县	44	9	平武县	13

续表

序号	调查县（市、区）	收集种质资源份数	序号	调查县（市、区）	收集种质资源份数	序号	调查县（市、区）	收集种质资源份数
10	旺苍县	23	25	宣汉县	41	40	九寨沟县	18
11	青川县	21	26	渠县	41	41	金川县	28
12	剑阁县	17	27	万源市	38	42	小金县	24
13	苍溪县	25	28	荥经县	27	43	阿坝县	19
14	犍为县	38	29	汉源县	39	44	康定市	33
15	沐川县	29	30	天全县	21	45	丹巴县	22
16	峨边彝族自治县	44	31	芦山县	67	46	甘孜县	29
17	马边彝族自治县	23	32	宝兴县	29	47	昭觉县	11
18	峨眉山市	23	33	巴州区	40	48	越西县	30
19	仪陇县	40	34	恩阳区	29	49	游仙区	0
20	仁寿县	100	35	通江县	26	50	泸定县	5
21	洪雅县	35	36	南江县	38	51	道孚县	3
22	长宁县	42	37	平昌县	33	52	德格县	0
23	珙县	51	38	汶川县	36	53	白玉县	0
24	华蓥市	47	39	松潘县	33		合计	1661

（三）入库蔬菜作物种质资源的市（州）分布

四川 21 个市（州）通过开展普查和系统调查，共征集收集入库蔬菜作物种质资源 2967 份。按市（州）分布统计如图 10-2 所示，入库蔬菜作物种质资源数量较多的 3 个市（州）依次为成都市（395 份，占比 13.31%）、乐山市（247 份，占比 8.32%）、雅安市（231 份，占比 7.79%）；入库蔬菜作物种质资源数量较少的 3 个市（州）依次为遂宁市（25 份，占比 0.84%）、自贡市（26 份，占比 0.88%）、资阳市（42 份，占比 1.42%）。

图 10-2　各市（州）入库蔬菜作物种质资源份数和占比

"攀枝花市"简写为"攀枝花"

二、蔬菜作物种质资源的类型

（一）蔬菜作物种质资源的植物学类型

四川征集收集入库的 2967 份蔬菜作物种质资源，按照植物学分类，分属于 22 科 45 属 62 种（亚种/变种）蔬菜作物（表 10-4）。

表 10-4　蔬菜作物种质资源的作物种类

序号	科	属	种（亚种/变种）	种（亚种/变种）资源份数	占比/%	属资源份数	占比/%	科资源份数	占比/%
1	十字花科	芸薹属	大白菜	84	2.83	496	16.72	815	27.47
2			不结球白菜	60	2.02				
3			菜薹	20	0.67				
4			芜菁	13	0.44				
5			叶用芥菜	218	7.35				
6			茎用芥菜	54	1.82				
7			根用芥菜	13	0.44				
8			结球甘蓝	32	1.08				
9			花椰菜	2	0.07				
10		萝卜属	萝卜	317	10.68	317	10.68		
11		菥蓂属	遏蓝菜	2	0.07	2	0.07		
12	伞形科	胡萝卜属	胡萝卜	31	1.04	31	1.04	194	6.54
13		芹属	芹菜	52	1.75	52	1.75		
14		芫荽属	芫荽	98	3.30	98	3.30		
15		茴香属	茴香	12	0.40	12	0.40		
16		葛缕子属	葛缕子	1	0.03	1	0.03		
17	葫芦科	南瓜属	中国南瓜	370	12.47	378	12.74	767	25.85
18			印度南瓜	5	0.17				
19			美洲南瓜	3	0.10				
20		黄瓜属	黄瓜	130	4.38	130	4.38		
21		丝瓜属	丝瓜	144	4.85	144	4.85		
22		冬瓜属	冬瓜	67	2.26	67	2.26		
23		苦瓜属	苦瓜	22	0.74	22	0.74		
24		葫芦属	瓠瓜	20	0.67	20	0.67		
25		佛手瓜属	佛手瓜	5	0.17	5	0.17		
26		茅瓜属	茅瓜	1	0.03	1	0.03		
27	茄科	辣椒属	辣椒	214	7.21	214	7.21	241	8.12
28		茄属	茄子	20	0.67	20	0.67		
29		番茄属	番茄	7	0.24	7	0.24		

续表

序号	科	属	种（亚种/变种）	种（亚种/变种）资源份数	占比/%	属资源份数	占比/%	科资源份数	占比/%
30	豆科	豆薯属	豆薯	7	0.24	7	0.24	7	0.24
31	百合科	葱属	葱	132	4.45	393	13.25	396	13.35
32			大蒜	187	6.30				
33			韭菜	44	1.48				
34			洋葱	17	0.57				
35			薤头	11	0.37				
36			薤白	2	0.07				
37		萱草属	黄花菜	3	0.10	3	0.10		
38	藜科	菠菜属	菠菜	34	1.15	34	1.15	34	1.15
39	苋科	苋属	苋菜	24	0.81	24	0.81	29	0.98
40		藜属	藜	5	0.17	5	0.17		
41	菊科	莴苣属	茎用莴苣	51	1.72	77	2.60	126	4.25
42			叶用莴苣	26	0.88				
43		茼蒿属	茼蒿	10	0.34	10	0.34		
44		向日葵属	菊芋	35	1.18	35	1.18		
45		苦苣菜属	苦苣菜	3	0.10	3	0.10		
46		苦荬菜属	苦荬菜	1	0.03	1	0.03		
47	姜科	姜属	姜	75	2.53	79	2.66	79	2.66
48			阳荷	4	0.13				
49	天南星科	魔芋属	魔芋	59	1.99	59	1.99	156	5.26
50		芋属	芋	97	3.27	97	3.27		
51	菱科	菱属	菱角	1	0.03	1	0.03	1	0.03
52	泽泻科	慈姑属	慈姑	1	0.03	1	0.03	1	0.03
53	薯蓣科	薯蓣属	山药	66	2.22	66	2.22	66	2.22
54	落葵科	落葵属	落葵	9	0.30	9	0.30	9	0.30
55	锦葵科	锦葵属	冬葵	32	1.08	32	1.08	36	1.21
56		秋葵属	秋葵	4	0.13	4	0.13		
57	唇形科	藿香属	藿香	5	0.17	5	0.17	5	0.17
58	芸香科	花椒属	花椒	1	0.03	1	0.03	1	0.03
59	番杏科	日中花属	冰叶日中花	1	0.03	1	0.03	1	0.03
60	美人蕉科	美人蕉属	蕉芋	1	0.03	1	0.03	1	0.03
61	蔷薇科	委陵菜属	委陵菜	1	0.03	1	0.03	1	0.03
62	五加科	天胡荽属	天胡荽	1	0.03	1	0.03	1	0.03

　　四川入库蔬菜作物种质资源最丰富的科是十字花科，共入库 815 份种质资源，占全省入库蔬菜作物种质资源总数的 27.47%；其次是葫芦科，入库 767 份种质资源，占全省入库

蔬菜作物种质资源总数的 25.85%；其他入库种质资源数量在 100 份以上的科从高到低依次为百合科（396 份，占比 13.35%）、茄科（241 份，占比 8.12%）、伞形科（194 份，占比 6.54%）、天南星科（156 份，占比 5.26%）、菊科（126 份，占比 4.25%）。

四川入库蔬菜作物种质资源最丰富的属是芸薹属，共入库 496 份种质资源，占全省入库蔬菜作物种质资源总数的 16.72%；其次是葱属，入库 393 份种质资源，占全省入库蔬菜作物种质资源总数的 13.25%；其他入库种质资源数量在 100 份以上的属从高到低依次为南瓜属（378 份，占比 12.74%）、萝卜属（317 份，占比 10.68%）、辣椒属（214 份，占比 7.21%）、丝瓜属（144 份，占比 4.85%）、黄瓜属（130 份，占比 4.38%）。

四川入库种质资源最多的蔬菜作物是中国南瓜，共入库 370 份种质资源，占全省入库蔬菜作物种质资源总数的 12.47%；其次是萝卜，入库 317 份种质资源，占全省入库蔬菜作物种质资源总数的 10.68%；其他入库种质资源数量在 100 份以上的蔬菜作物从高到低依次为叶用芥菜（218 份，占比 7.35%）、辣椒（214 份，占比 7.21%）、大蒜（187 份，占比 6.30%）、丝瓜（144 份，占比 4.85%）、葱（132 份，占比 4.45%）、黄瓜（130 份，占比 4.38%）。

（二）蔬菜作物种质资源的农业生物学类型

按照农业生物学分类，四川入库蔬菜作物种质资源包括 11 个类型。其中，种质资源最丰富的类型是瓜类蔬菜，入库 766 份种质资源，占四川入库蔬菜作物种质资源总数的 25.82%；其次是葱蒜类蔬菜，入库 393 份种质资源，占四川入库蔬菜作物种质资源总数的 13.25%；其他入库种质资源数量在 100 份以上的类型从高到低依次为叶菜类蔬菜（367 份，占比 12.37%）、根菜类蔬菜（361 份，占比 12.17%）、薯芋类蔬菜（340 份，占比 11.46%）、芥菜类蔬菜（285 份，占比 9.61%）、茄果类蔬菜（241 份，占比 8.12%）、白菜类蔬菜（164 份，占比 5.53%）。

（三）蔬菜作物种质资源的食用器官类型

按照食用器官分类，四川入库蔬菜作物种质资源包括根菜类、茎菜类、叶菜类、花菜类、果菜类 5 个类型。其中，种质资源最丰富的类型是果菜类蔬菜，共入库 1013 份种质资源，占四川入库蔬菜作物种质资源总数的 34.14%；其次是叶菜类蔬菜，入库 887 份种质资源，占四川入库蔬菜作物种质资源总数的 29.90%；其他类型按入库种质资源数量从高到低依次为茎菜类蔬菜（660 份，占比 22.24%）、根菜类蔬菜（382 份，占比 12.87%）、花菜类蔬菜（25 份，占比 0.84%）。

第三节　蔬菜作物种质资源多样性变化

生物多样性种质资源保护与可持续利用关乎生物安全，关乎百姓健康与风险防控。在蔬菜作物种质资源多样性方面，从 20 世纪 80 年代到 21 世纪初，在政府高度重视和支持下，经过全国几代蔬菜作物种质资源科技工作者前赴后继，收集保存的资源总量不断增加，逐步建成了以国家农作物种质资源长期库、国家蔬菜种质资源中期库、国家西甜瓜种质资源中期库、国家种质武汉水生蔬菜资源圃、国家无性繁殖蔬菜种质资源圃为支撑的国家蔬菜种质资源安全保护体系。这些库（圃）保存 240 多种（变种）蔬菜植物逾 4 万份种质资源，成为蔬菜作物的"诺亚方舟"，是蔬菜产业可持续发展的希望所在。

四川于 1956 年、1981 年、2014 年、2023 年共计入库蔬菜作物种质资源 5468 份，其中，1956 年入库 551 份、1981 年入库 754 份、2014 年入库 1196 份、2023 年入库 2967 份，数量呈现递增趋势。从植物学分类上看，1956 年、1981 年、2014 年、2023 年入库的蔬菜作物种质资源分别隶属于 19 科、20 科、18 科、22 科，而 4 年入库作物种类数量分别为 43 种、50 种、49 种、62 种，可以看出在 4 次种质资源收集入库过程中，大的蔬菜科类没有明显变化，但种类数量显著增加，说明种质资源收集和保存技术的提升以及保护意识的增强，对种质资源多样性的发掘提升有着显著影响。

1956 年、1981 年、2014 年入库的蔬菜作物种质资源数量较多的三个科均为十字花科、葫芦科、茄科（表 10-5），三科占当年入库蔬菜作物种质资源数量的一半以上，但随着年份的推移，三科占当年入库蔬菜作物种质资源的比例也在降低，分别为 71.87%、68.57%、66.22%。2023 年入库的蔬菜作物种质资源数量较多的三个科分别为十字花科、葫芦科和百合科，茄科的数量已经排到第四位，说明随着年份的推移，收集入库的蔬菜作物种质资源越来越多样化。另外，在 2023 年入库的蔬菜作物种质资源中，有 20 份种质资源是前三年度均没有的资源类型，如遏蓝菜、葛缕子、印度南瓜、美洲南瓜、茅瓜、藜、苦苣菜、委陵菜、天胡荽等。因此，与前三年度相比，2023 年入库的蔬菜作物种质资源数量最多且类型最为丰富。

第四节　蔬菜作物优异种质资源发掘

现代育成品种的推广导致相关蔬菜作物遗传基础越来越狭窄，需要从地方品种、野生近缘种、野生种中挖掘优异种质（优异基因）资源用于蔬菜育种。而有效利用的前提是要能够收集保存这些资源，并充分了解资源的优异性状及其价值。

四川入库蔬菜作物优异种质资源共计 10 份，分别为大蒜 2 份，南瓜 2 份，萝卜 2 份，姜、辣椒、茄子和黄花菜各 1 份，具体情况如下。

1. 松潘紫皮大蒜（2021512001）

【作物及类型】大蒜，地方品种。

【来源地】阿坝州松潘县。

【种植历史】70 年以上。

【种植方式】常规栽培，清明前后播种，10 月收获，套种土豆、玉米。

【农户认知】味香，淀粉含量高，辛辣味浓郁。

【资源描述】松潘紫皮大蒜耐寒、抗病、产量高、晚熟、蒜瓣大、辛辣味重，能够去腥增味，是当地食用牛羊肉、各种面食等的必备调料品，深受当地人的喜爱，同时也作为藏药入药。松潘紫皮大蒜是凉山州的名优特产，以其蒜瓣肥大、汁多、辛辣气味浓郁、捣烂成泥、放置不变味而颇负盛名。民间流传有"小金的面，松潘的蒜"的说法。当地农户认为蒜头外皮紫色，具有紫色条纹，耐寒性好，抗病性强，晚熟，蒜瓣大，产量高（图 10-3）。肉质细腻爽脆，蒜香味浓，辛辣味重。不仅是营养丰富、鲜美可口的调味佳品，其蒜苗、

表 10-5　各年份入库蔬菜作物种质资源种类

序号	科	作物名称	1956 年			1981 年			2014 年			2023 年		
			作物资源份数	科资源份数	占比/%	作物资源份数	科资源份数	占比/%	作物资源份数	科资源份数	占比/%	作物资源份数	科资源份数	占比/%
1	十字花科	大白菜	46	191	34.66	53	242	32.10	85	360	30.10	84	815	27.47
2		不结球白菜	12			16			16			60		
3		菜薹				2			3			20		
4		芜菁	7			9			7			13		
5		叶用芥菜	34			40			54			218		
6		茎用芥菜										54		
7		根用芥菜										13		
8		结球甘蓝	33			46			83			32		
9		花椰菜	1			9			22			2		
10		萝卜	58			67			90			317		
11		遏蓝菜										2		
12	伞形科	胡萝卜	18	24	4.36	25	40	5.31	35	78	6.52	31	194	6.54
13		芹菜	6			14			39			52		
14		芫荽				1			2			98		
15		茴香							2			12		
16		蘡薁子										1		
17	葫芦科	中国南瓜	34	113	20.51	37	154	20.42	47	235	19.65	370	767	25.85
18		印度南瓜										5		
19		美洲南瓜										3		
20		黄瓜	26			40			69			130		
21		丝瓜	14			24			31			144		
22		冬瓜	20			25			35			67		

续表

序号	科	作物名称	1956 年			1981 年			2014 年			2023 年		
			作物资源份数	科资源份数	占比/%	作物资源份数	科资源份数	占比/%	作物资源份数	科资源份数	占比/%	作物资源份数	科资源份数	占比/%
23	葫芦科	苦瓜	12			20			31			22		
24		瓠瓜	5			5			13			20		
25		佛手瓜				1			7			5		
26		节瓜										1		
27		菜瓜	2			2			2					
28	茄科	辣椒	55	92	16.70	61	121	16.05	86	197	16.47	214	241	8.12
29		茄子	29			37			58			20		
30		番茄	8			23			53			7		
31	豆科	豆薯	3	3	0.54	3	3	0.40	3	3	0.25	7	7	0.24
32	百合科	葱	20	49	8.89	35	78	10.34	50	121	10.12	132	396	13.35
33		大蒜	16			24			38			187		
34		韭菜	9			13			26			44		
35		洋葱	1						1			17		
36		薤头				3			2			11		
37		藠白	1			1						2		
38		黄花菜	2			2			2			3		
39	藜科	菠菜	3	3	0.54	7	7	0.93	35	35	2.93	34	34	1.15
40	苋科	苋菜	4	4	0.73	5	5	0.66	5	5	0.42	24	29	0.98
41		藜										5		
42	菊科	茎用莴苣	18（茎用、叶用之和）	18	3.27	36（茎用、叶用之和）	39	5.17	76（茎用、叶用之和）	81	6.77	51	126	4.25
43		叶用莴苣										26		

续表

序号	科	作物名称	1956年 作物资源份数	1956年 科资源份数	1956年 占比/%	1981年 作物资源份数	1981年 科资源份数	1981年 占比/%	2014年 作物资源份数	2014年 科资源份数	2014年 占比/%	2023年 作物资源份数	2023年 科资源份数	2023年 占比/%
44	菊科	茼蒿				1			1			10		
45		菊芋				1			3			35		
46		苦苣菜										3		
47		苣荬菜										1		
48		贡菜				1								
49		生菜							1					
50	姜科	姜	21	21	3.81	22	22	2.92	29	29	2.42	75	79	2.66
51		阳荷										4		
52	天南星科	魔芋	3	18	3.27	4	16	2.12	6	21	1.76	59	156	5.26
53		芋	15			12			15			97		
54	菱科	菱角										1	1	0.03
55	泽泻科	慈姑										1	1	0.03
56	薯蓣科	山药	2	2	0.36	2	2	0.27	4	4	0.33	66	66	2.22
57	落葵科	洛葵										9	9	0.30
58	锦葵科	冬葵	2	2	0.36	5	5	0.66	5	5	0.42	32	36	1.21
59		秋葵										4		
60	唇形科	藿香	1	1	0.18	1	1	0.13				5	5	0.17
61	芸香科	花椒										1	1	0.03
62	番杏科	冰叶日中花										1	1	0.03
63	美人蕉科	蕉芋										1	1	0.03
64	蔷薇科	委陵菜										1	1	0.03
65	五加科	天胡荽										1	1	0.03

续表

序号	科	作物名称	1956 年			1981 年			2014 年			2023 年
			作物资源份数	科资源份数	占比/%	作物资源份数	科资源份数	占比/%	作物资源份数	科资源份数	占比/%	科资源份数
66	旋花科	蕹菜	3	3	0.54	5	5	0.66	8	8	0.67	
67	蕨科	蕨菜	1	1	0.18	2	2	0.27	2	2	0.17	
68	三白草科	鱼腥草	1	1	0.18	1	1	0.13	3	3	0.25	
69	睡莲科	莲藕	1	1	0.18	6	6	0.80	7	7	0.59	
70	沼金花科	星花粉条儿菜	1	1	0.18	1	1	0.13	1	1	0.08	
71	禾本科	菰				1	1	0.13				
72		绿叶菜	3	3	0.54	3	3	0.40	1	1	0.08	
合计			551			754			1196			2967

蒜薹也是人们喜食的良好蔬菜。含大量挥发性葱蒜杀菌素、大蒜辣素，药用价值极高。松潘紫皮大蒜栽培历史悠久，生产条件适宜，依托优异资源当地大蒜产业得到健康稳定发展，在高原地区脱贫攻坚和乡村振兴中发挥着重要的作用。

图 10-3 松潘紫皮大蒜净蒜瓣及整蒜

2. 四方山早蒜（P510121025）

【作物及类型】大蒜，地方品种。

【来源地】成都市金堂县。

【种植历史】100 年以上。

【种植方式】净作种植、与水稻种植形成水旱周年轮作。

【农户认知】蒜薹抽薹极早，蒜香味浓郁，嫩蒜薹兼具蒜香和回甜味，品质优。

【资源描述】8 月上旬至下旬播种，11 月下旬至 12 月上旬收获蒜薹，翌年 2 月上旬至下旬收获蒜头。早熟抽薹性好，上市早，产值高。鳞茎近圆球形，皮淡紫色，肉白色，单轮排列，规则整齐，辛辣味浓郁，品质优，种植经济效益好（图 10-4）。当地农户认为蒜薹抽薹极早，蒜香味浓郁，嫩蒜薹兼具蒜香和回甜味，品质优。

图 10-4 四方山早蒜生境及整蒜

3. 金丝南瓜（P510811010）

【作物及类型】中国南瓜，地方品种。

【来源地】广元市昭化区。

【种植历史】50 年以上。

【种植方式】净作或与玉米、高粱互作。

【农户认知】口感好。

【资源描述】该品种根系较发达，直根系，分布较深；植株蔓生，有毛刺和棱或沟；叶绿色互生，嫩叶黄绿色，掌状分裂，功能叶椭圆形，叶片的缺刻随叶位数的增加而变深；雌雄同株异花；瓜椭圆形，果实大，近1m，嫩瓜乳白色，成熟老瓜金黄色，果面光滑，有极不明显的棱；种子乳白色，卵圆形，扁平。老熟的金丝瓜，经开水煮烫后，用筷子搅一搅，肉瓤自成面条状金丝，故而得名。单瓜重2kg左右，表皮色泽金黄，皮薄而瓤多籽少，品相好，果肉金黄绵软，由瓜丝彼此镶嵌排列环绕，甘甜可口。金丝南瓜是一种低热量、高纤维的食材，富含钾，而钠含量却很低，是维护心血管健康的理想选择，有助于降低胆固醇水平、控制血糖水平。当地农户认为其口感软糯，有栗子香甜味，蒸食口感极佳；淀粉含量高，可用于制作馒头、花卷等糕点（图10-5）。

图10-5 金丝南瓜及其农副产品

4. 金川白瓜（2021511004）

【作物及类型】中国南瓜，地方品种。

【来源地】阿坝州金川县。

【种植历史】100年以上。

【种植方式】2~4月播种，常规管理。

【农户认知】味甜，产量高。

【资源描述】俗称"双眼皮白瓜子"，瓜子的形状和南瓜子极为相似，种子外观有双眼皮似的条纹边缘，因此得名。金川白瓜子具有壳薄、肉厚、粒饱、香脆可口的特色，属于纯天然无污染绿色食品，生产历史悠久，是古东女国和乾隆时期的皇家贡品，其壳沿边有一条凹陷，色泽洁白光亮，具有金川瓜子"双边边"的美称，也是金川白瓜子的主要标志（图10-6）。在当地广泛种植，2~4月播种，9~10月收获。白瓜子不仅是美味佳品，还具有利尿通便、滋阴补肾、降血压、提气血等药用价值，是金川县的名优特产。

图 10-6　金川白瓜种子

5. 成都满身红萝卜（2022512028）

【作物及类型】萝卜，地方品种。

【来源地】成都市彭州市。

【种植历史】30 年以上。

【种植方式】常规管理。

【农户认知】早熟，产量高。

【资源描述】早熟，夏秋种植生育期 50～60 天，秋冬种植生育期 80～100 天，春季种植生育期约 60 天。株型紧凑，叶簇直立，株高约 36cm，开展度约 35cm，叶数 12 片，枇杷叶形，叶绿色，叶柄及叶脉红色、表面有茸毛，肉质根沙罐形，入土 2/3，表皮红色，肉白色，肉质根长 16cm，粗 8.1cm，单根重约 400g，净菜率 80%（图 10-7）。种子近圆形，种皮褐色。田间表现抗病性较强，易感根肿病，从成熟到出现糠心约 20 天。四川平坝地区四季可播种，早熟性强，平均产量 2480kg/亩，比对照枇杷缨红萝卜增产 17%。

图 10-7　成都满身红萝卜植株及其种子

6. 春不老萝卜（P510124003）

【作物及类型】萝卜，地方品种。

【来源地】成都市郫都区。

【种植历史】30 年以上。

【种植方式】常规管理。

【农户认知】晚熟，口感好，品质佳。

【资源描述】晚熟，肉质根扁圆形，皮、肉白色，汁多嫩脆，植株开展度较大，叶簇半直立，形似枇杷叶，绿色。萝卜近圆球形，高 15cm 左右，横径约 20cm，入土约 3/5，表皮和肉均为白色（图 10-8）。味甜，耐寒、抗病力较强，易感根肿病，收获期长，不易糠心，亩产 3500kg 以上。春不老萝卜属于泡、腌类加工型蔬菜。四川平坝地区主要为秋冬季播种，耐寒，加工品质较好，不易糠心，播种后 80～120 天均可上市。2021 年，仅在郫都区安德街道云桥村，种植面积就达到了 500 亩，年销售春不老萝卜 4000 多万吨，总产值近 5000 万元。

图 10-8　春不老萝卜植株及其种子

7. 白口姜（P511123026）

【作物及类型】姜，地方品种。

【来源地】乐山市犍为县。

【种植历史】50 年以上。

【种植方式】常规管理。

【农户认知】口感好，产量高。

【资源描述】白口姜是犍为地方优良品种，一年生，产量高、品质优、适应性广；其姜茎细长，形似"手指"，节间较长，分支较多（图 10-9）。茎粗 1.5cm 以上，长 15～20cm，鲜重 0.5kg 以上；表皮洁白，鳞片浅紫红色，肉质细嫩，纤维少，辛辣味较淡、适口，作泡菜、拌（凉）菜、炒菜、酱腌菜。每 100g 鲜姜含维生素 C 2.27mg、天冬氨酸 121.51mg、

图 10-9　白口姜植株及其生境

谷氨酸 46.61mg，优于其他生姜产品。白口姜目前在犍为县种植面积有 4300 余亩。年产鲜姜约 11 650t，产值 9480 万元。犍为县通过对白口姜进行规模化、标准化种植，带动了当地姜文化及乡村振兴事业的发展。

8. 白湾海椒（P513229003）

【作物及类型】辣椒，地方品种。

【来源地】阿坝州马尔康市。

【种植历史】50 年以上。

【种植方式】春播，轻施苗肥，重施果肥，挂果追肥。

【农户认知】肉质细嫩、香辣，比小米椒的辣度更适中。

【资源描述】白湾海椒历史悠久，从 20 世纪 60 年代就开始种植，在当地有很好的口碑，成渝两地的消费者时常慕名而来。历经 50 多年，群众积累了丰富的种植经验，且白湾海椒是马尔康当地最具地方特色的蔬菜品种，肉质细嫩、香辣，相比小米椒的辣度更适中，更受当地消费者的喜爱；白湾海椒含有丰富的维生素，可改善怕冷、冻伤、血管性头痛等症状，降低胆固醇。辣椒含有一种特殊物质，能加速新陈代谢，促进激素分泌，改善皮肤；含有较多的抗氧化物质，可预防癌症及其他慢性疾病；可以使呼吸道畅通，用于治疗咳嗽、感冒。辣椒还能杀抑胃腹内的寄生虫。白湾海椒以平均亩产 500kg、价格 30 元/kg 计算，每亩销售收入可达 1.5 万元，消费前景看好，经济效益十分显著（图 10-10）。

图 10-10 白湾海椒植株、生境及其果实

9. 白茄子（P511724023）

【作物及类型】茄子，地方品种。

【来源地】达州市大竹县。

【种植历史】50 年以上。

【种植方式】常规栽培，收获期长，6月采摘，可持续到11月中旬。

【农户认知】果皮绿白色，光泽度好，口感新鲜。

【资源描述】白茄子株高约1m，具有一定的耐寒、耐弱光能力，适合春秋露地栽培，具有发展反季节设施栽培和春提早、秋延后栽培蔬菜产业的潜力。品质优、产量高、易管理、适应性强。该品种4～5月移栽后收获期可至11月中旬，收获期长，果皮绿白色，果面平滑，光泽度好，口感新鲜，营养丰富，商品性佳，且外皮具有药用价值，可用于祛斑美容、治疗风湿关节痛等，因此也深受消费者的青睐。白茄子由于果皮失绿、果肉紧密、营养物质积累时间增加，具有果面光泽度好、产量高、易管理、适应性强等优势，是优异的杂交育种和基础研究材料（图10-11）。

图10-11　白茄子器官分解图、植株及其生境

10. 黄花1号（P511902017）

【作物及类型】黄花菜，地方品种。

【来源地】巴中市巴州区。

【种植历史】50年以上。

【种植方式】常规栽培，收获期长。

【农户认知】果皮绿白色，光泽度好，口感新鲜。

【资源描述】黄花1号营养元素含量丰富，每100g干花中含蛋白质14.1g，脂肪0.4g，葡萄糖6g，粗纤维6.7g，碳水化合物60.1g，灰分6.9g，胡萝卜素3.44mg，是真正的天然绿色食品。花葶长130mm以上，花条直，金黄花；无霉烂，含水量在11.8%以下。该品种具有种植操作技术简单、不择劳力（老幼皆可）、不争农时（花期正值农闲）、占用耕地面积小（山坡、山地、山坪、山坎等瘦瘠地均可移栽）、投资小、见效快、效益高（亩产值2500～3000元）、无污染（不含任何添加剂和色素）、储藏期长、易于保管、不易变质等特点。

黄花 1 号色泽金黄，香气浓郁，味道纯正，品质优良。可炒、烧、烹、凉拌或做清汤、火锅、泡茶等；花、根、药均可当药材使用，具有安神、消炎、解热、利尿、抗癌等多种药用功能；黄花叶可编织成席，制作草帽、提兜、垫子等产品。黄花 1 号是当地特色农产品，矿物质元素丰富，"观为名花、用为良药、食为佳肴"，与蘑菇、木耳并称为"素食三珍品"和"蔬菜皇后"（图 10-12）。

图 10-12　黄花 1 号根茎及其生境

第五节　蔬菜作物种质资源创新利用及产业化情况

当前中国蔬菜产业发展面临主栽品种遗传多样性丧失、国内外种业竞争激烈、核心种质鉴定评价及利用滞后于育种和生产需求等重大问题。所谓蔬菜作物种质资源创新，就是利用传统和现代生物技术，把不同种质中控制单个优异性状的基因聚合到一份种质中，或者将一份种质的特异性状转移到综合性状优良的受体种质中，使它变成多个性状或综合性状更优异的种质，从而提高原始种质资源的利用价值和利用效率。蔬菜作物种质创新的途径主要包括各种基因诱变、远缘杂交、体细胞融合、转基因、基因编辑等。

四川蔬菜作物种质资源丰富，物种优势明显，产业发展需完善蔬菜品种试验展示、跟踪评价、种子产业信息和质量监测监管体系建设，筛选外引种源，选出适宜品种进行示范种植，创新种业科研体制机制，重点培育壮大特色蔬菜产业。围绕现代种业安全的四大目标，加强种质资源保护和利用，加快创新步伐，筑牢种业根基。

1. 金丝南瓜

金丝南瓜是广元市昭化区柏林沟镇明安村农户代代相传的地方品种，属于中国南瓜，由 20 世纪 50 年代经上海引入。金丝南瓜果实采后不怕热，不怕冻，可调剂淡季蔬菜供应。在常温下存放期可达数月，在冷藏条件下可周年贮藏，随时供应市场，远距离运输也不会损坏，其种植开发有着较高的效益和广阔的市场前景。

2. 金川白瓜

金川白瓜栽培历史悠久，含有丰富的营养成分，不仅是美味佳品，还具有较高的药用价值，富含人体所需的各种维生素和大量微量元素。经常食用还具有养颜保健、降血压、补肾健脾、治疗各种肠胃疾病的作用，是宴席和馈赠亲友的上选佳品。既可炒食，也可榨油。目前种植相对分散且规模较小，已经接近濒危的边缘。

3. 白口姜

犍为县白口姜现有种植面积 4300 余亩，年产鲜姜约 11 650t，产值 9480 万元。在九井等镇推广蜂窝式抗病高产高效栽培技术体系用于嫩姜生产。现有生姜专业合作社 1 个，生姜加工厂 1 个，加工能力 12t/a，产值达 25 万元。因白口姜生产基地始建于犍为麻柳村，故得名"犍为麻柳姜"，并于 2010 年 3 月 25 日被农业部批准实施国家农产品地理标志登记保护。犍为麻柳姜先后在成都、重庆等地参加电商平台发布会、农产品博览会以及中国国际农产品交易会，获得人民日报、封面新闻、川报新闻、四川新闻网等媒体的广泛关注，极大地提升了犍为麻柳姜品牌知名度和影响力，品牌价值达 8.9 亿元。犍为麻柳姜出现在县域内的各大商场超市和农贸市场，受到广大市民的青睐，已成为必不可少的大众佐餐食材。同时地方联合社建立直播间，与有资质的电商合作，聘请专业团队通过电商直播带货，产品远销成都、重庆、新疆等地，具有较好的市场前景。

4. 白湾海椒

白湾海椒历史悠久，从 20 世纪 60 年代就开始种植，目前已经有 50 多年的种植历史。以平均亩产 500kg、价格 30 元/kg 计算，每亩销售收入可达 1.5 万元，消费前景看好，经济效益十分显著。针对白湾海椒这个优秀的地方品种资源，最近几年国家已启动品种保护利用，以便利于优化马尔康市的蔬菜产业及品种布局，提高蔬菜品质和效益，带动马尔康市农业产业可持续发展，促进农业增效和农民增收。

5. 黄花 1 号

黄花 1 号是巴中市特色农产品，矿物质元素丰富，"观为名花、用为良药、食为佳肴"，与蘑菇、木耳并称为"素食三珍品"和"蔬菜皇后"。大罗镇拥有适宜黄花生长与栽种的海拔、气候、土壤等自然环境，以大罗镇为腹地的黄花种植业辐射"左邻右舍"。大罗黄花具有成熟周期短、无公害、无污染、易种易采、营养丰富、嫩脆爽口等先天优势，随着人们消费观念的转变，黄花由原来的小菜种、销路小，变成特色菜、畅销菜。因为全国黄花产地少、栽培成本低、经济效益高、开发价值大等优势，每年大罗黄花收获期后一个月内即售罄，从未出现过"难卖""贱卖"等现象，大罗黄花极具广阔的市场空间和深厚的发展潜力。

第十一章

四川农作物种质资源有效保护和可持续利用对策

第一节　建立并完善省级农业种质资源保护法律法规体系

根据国家政策法规，完善与《生物多样性公约》《国际植物新品种保护公约》《中华人民共和国种子法》《农作物种质资源管理办法》相适应的农作物种质资源省级法律法规，建立农业种质资源普查、调查、收集、登记、保存、评价、分享、交流以及产权保护等制度体系。

一、加强种质资源保护体系建设

根据《中华人民共和国种子法》第二章第十条规定，"省、自治区、直辖市人民政府农业农村、林业草原主管部门可以根据需要建立种质资源库、种质资源保护区、种质资源保护地"。《中华人民共和国畜牧法》第二章第十三条规定，"省、自治区、直辖市人民政府农业农村主管部门根据省级畜禽遗传资源保护名录，分别建立或者确定畜禽遗传资源保种场、保护区和基因库，承担畜禽遗传资源保护任务"。虽然我省已建立粮油作物（含薯类作物）资源圃 34 个、特色作物（菜、果、药、茶、椒等）资源圃 53 个、猪资源场 9 个、牛羊资源场 20 个、家禽资源场 16 个、蜂资源场 5 个、水产资源场 104 个、蚕桑资源圃 15 个、草业资源场 10 个。但这些已经建立的库、圃、场、保护区中以国家和省两级为主体、地方参与的种质资源保护的库、圃、场、保护区、保护地、水产保护流域等体系尚不完善，而大部分科研单位及市县级建立的保护基地，因未纳入省级统一管理、认定、挂牌，存在资金不足、平台和人才支撑不够等问题。虽然近年来我省已挂牌认定了一些资源圃和资源保护单位，但仍有很多未纳入省级统一管理、认定、挂牌，且数量和建设条件均不足，不利于种质资源的全面系统保护。

针对我省种质资源保护体系尚不完善的问题，根据我省实际情况，以"四川省种质资源中心库"为契机，健全四川农业生物种质资源保护体系，逐步统筹推进布局种质资源库建设，建立以国家和省两级为主体、地方参与的全国上下联动的种质资源保护体系。一是切实督促落实省级主管部门的管理责任，高标准、高质量、高效率推进四川省种质资源中心库的资源保存工作，根据资源区域性特点，尽快构建以库、圃、场、保护区（点）和水产资源流域为核心的四川农业种质资源保护系统，明确省级及各地市责任，根据职责，高效推进种质资源保存、鉴定评价、创新利用工作，促进种业和农业产业发展。完善国家统筹分类分级的保护机制和省级保护机制，严格落实资源保护的属地责任，创新组织管理和实施机制，构建保护层次广、鉴定方法多、利用效率高的种质资源保护利用格局。二是进一步充分整合现有资源，确定省级农业种质资源保护单位，组织开展农业种质资源登记，实行统一身份信息管理，做到应保尽保、有序开发。拓宽种质资源多样性，优化资源分级分类保护名录，进一步完善农业种质资源进口通关便利化措施，鼓励科研单位或企业引进境外优异种质资源。三是依托四川省种质资源中心库，建设省级资源鉴定评价中心，依托资源保存圃和原生境保护区（点），建立一批资源鉴定评价分中心。制定农业种质资源鉴定评价规范和标准。公益性农业种质资源保护单位按照相关职责定位要求，做好种质资源基本性状鉴定、信息发布及分发等服务工作。四是在地方特色优异资源所在地或具有条件的农业园区、科研院所等，建立四川地方特色优异资源创新开发示范基地。鼓励育繁推一体化种业企业开展种质资源收集、鉴定和创制，逐步成为种质创新利用的主体。鼓励支持地方品种申请地理标志产品保护和重要农业文化遗产，发展一批以特色地方品种开发为主的种业企业。五是构建四川省农业种质资源大数据平台，定期发布优异种质资源目录，提供网上查询、申请、获取服务，开发四川农业种质资源登记信息系统，推进数字化动态监测、信息化监督管理。建立创新种质交换应用联盟和种质交易网络平台，大力推动优质、突破性种质的应用。

二、加强财政支持

农业生物种质资源保护具有基础性、长期性、公益性的特点，需要长期固定的财政支持。长期以来，四川仅四川省农畜育种攻关项目有经费资助种质资源研究，且仅对主要粮油作物和家禽设立了种质资源攻关项目，其他资源都放在相应的育种项目中。虽然近年来，四川在种质资源收集、鉴定评价中给予了大量财政经费支持，但支持力度仍然不足，也不是长期稳定的支持。针对种质资源保护利用缺乏长期稳定的财政支持问题：一是健全财政支持的种质资源与信息汇交机制，完善财政补贴政策，加大种质资源创新利用投入力度，将种质资源收集与保护纳入种业相关项目资金支持范围。二是设立四川农业生物种质资源保护与利用专项，长期稳定足额资助种质资源保护与利用工作，进一步推动种质资源研究协同攻关。同时，省和市、县有关部门可按规定通过现有资金渠道，实施现代种业提升工程、国家重点研发计划、国家科技重大专项、省级现代农业发展工程、基础研究计划等项目，加大对农业种质资源保护工作的支持力度。三是深入推进种业科研人才与科研成果权益改革，支持种质资源研究创新成果上市公开交易、作价到企业投资入股。推行政府购买服务，鼓励企业、社会组织承担农业种质资源保护任务。支持种业创新型企业享受科技企业税收优惠及研发后补助等政策。

三、加强人才队伍建设

在种质资源研究专业技术团队方面，四川的很多科研单位和高校虽然有不少科研队伍从事种质资源研究，但由于种质资源研究工作是基础性、长期性、公益性的工作，没有足够的经费支撑，而且短期内难以出成果，专业从事种质资源研究工作在职称晋升等方面存在困难，种质资源研究团队越来越少，兼职人员越来越多，从而导致专业骨干人才缺乏。应完善农业种质资源相关学科，健全农业科技人才分类评价制度，加强种质资源保护专业人才队伍建设，保障种质资源保护利用工作支撑种业绿色健康发展。一是支持和鼓励科研院所、高等院校完善农业种质资源相关学科，培养种质资源专业科技人才。二是完善《四川省自然科学研究人员专业技术职务任职资格申报评审基本条件（试行）》，健全农业科技人才分类评价制度，对从事种质资源保护研究的科技人员和团队实行同行评价，收集保护、鉴定评价、分发共享等基础性工作可作为职称评定的依据。三是对科技人员的绩效工资给予适当倾斜，可以在政策允许的项目中提取间接经费，在核定的总量内用于发放绩效工资。

四、加强政策扶持

农作物种质资源保护工作具有基础性、长期性、复杂性、公益性等特点，需加大政策扶持力度。由政府部门牵头，农业农村部、市场监督管理局、生态环境部、发展和改革委员会和财政部等联合建立农作物种质资源保护的领导机构，形成工作合力，统筹做好农作物种质资源保护的发展规划、资金保障、执法监管等工作，确保农作物种质资源保护工作有效开展，防止农作物种质资源流失。强化对农作物种质资源保护的政策扶持，一方面在编制国土空间规划时，根据农业种质资源保护的特殊性，给予特殊的政策支持，加强对农业种质资源保护工作的政策扶持，合理安排和科学设置新建、改扩建农业种质资源库（场、区、圃）用地；另一方面在种质资源库（圃）用地方面给予政策支持，将农作物种质资源普查收集和保护工作经费纳入财政预算等。积极探索稳定科技人才的机制，可以在待遇保障、职务（职称）晋升等方面出台一系列激励保障措施，打造一支稳定的队伍长期投身于农作物种质资源保护与利用工作中。

第二节　加大农作物种质资源收集力度

建立农业种质资源保护与利用联席会议制度，科学评估确定省级保护单位，制定农业种质资源保护与利用中长期发展规划，研究解决种质资源保护与利用中的重大问题。

一、建立健全考核奖惩制度

按规定对资源保护与利用工作中作出贡献的单位和个人给予表彰奖励，对不作为、乱作为造成资源流失、灭绝等严重后果的，依法依规追究有关单位和人员责任，将农业种质资源保护与利用工作纳入相关工作考核。市（州）、县（市、区）政府切实履行属地责任，在编制国土空间规划时，合理安排新建、改扩建农业种质资源库（场、区、圃）用地，科学设置畜禽（蜂蚕）种质资源疫病防控缓冲区，不得擅自超范围将畜禽（蜂蚕）、水产保种场划入禁养区，占用农业种质资源库（场、区、圃）需经原设立机关批准，并实施异地重建，强化种质资源工作的组织协调和保障。资源保护单位履行主体责任，健全管理制度，强化措施保障，接受社会监督和审计监督。加强农业种质资源保护体系建设，建立农业种质资源库（圃、区、场、点）认定挂牌和考核评估制度。

二、建立常态化收集保存工作机制

虽然四川在"第三次全国农作物种质资源普查与收集行动"中收集保存了一批资源，但此次种质资源普查仍未实现全面覆盖，部分珍稀、濒危、特有资源与特色地方品种仍未得到收集保护。加强与省（市）级种质资源保护单位的沟通联系，将农作物种质资源的日常收集与保存作为常规工作。以种子管理机构为核心，重点关注珍稀、濒危、特有资源及特色地方品种的收集与保护，确保这些优异种质资源得到有效保护，避免流失。此外，在日常收集与保存工作中，应建立种质资源基因库（中期种质资源保存库），设立种质资源保存机构，不断创新、积极探索地方品种快速登记的方法，养成农民自留种生产的习惯等，使农作物种质资源收集和保存工作得以长期开展。

第三节　加强农作物种质资源原生境保护建设

随着城镇化、现代化、工业化进程加速，同时受气候变化、环境污染、外来物种入侵等影响，地方品种、野生种等特有资源丧失风险加剧，许多代代相传的珍稀资源和古老地方品种正在迅速消失。我国野生稻、野生大豆等种质资源的生长点正在快速且大面积消失；据报道，在湖北、湖南、广西等六省份 375 个县，71.8% 的粮食作物地方品种已经消失，加强农作物种质资源原生境（后简称原生境）保护建设非常重要。

加强原生境保护建设，一是摸清四川正在消失或濒危的资源，对珍稀资源和古老地方品种建立原生境保护区或保护站，加大对种质资源保护的宣传力度，加大对保护区的监管力度，严厉打击破坏资源的行为。二是原生境保护区或保护站重在建设，难在管理，建议各级政府加大资金、人员投入，将原生境保护区（站）管理和维护的资金列入年度财政预算，长期稳定投入经费。三是保护、发展和利用原生境，维持生物多样性是农业野生植物保护的目标，科研院所应加强培训和宣传原生境的重要性，并利用新闻媒体强化原生境的保护宣传教育，形成广泛参与原生境保护的良好氛围，增强社会各界保护原生境的良好意识。四是科研院所要充分利用遗传学、细胞生物学、现代生物工程技术等方法，发掘优质高产高抗的农作物种质资源，挖掘优质、抗逆、抗病虫害基因并运用于农业生产，真正实现原生境保护开发利用价值，突破种业"卡脖子"问题。建议构建现代种业科技创新体系，发挥新型举国体制优势，从基础研究、产品创制、示范推广、产业化等流程来培育新型、有创新能力和国际竞争力的种业企业，实现种业自给自足。

第四节　完善农作物种质资源共享平台

国务院办公厅于 2019 年 12 月印发的《国务院办公厅关于加强农业种质资源保护与利用的意见》（国办发〔2019〕56 号）明确提出："充分整合利用现有资源，构建全国统一的农业种质资源大数据平台，推进数字化动态监测、信息化监督管理。"近年来，由四川科技平台项目支持，四川省自然资源科学研究院、四川省林业科学研究院、四川省农业科学院、四川省草原科学研究院、中国科学院华西亚高山植物园、成都市植物园等技术支撑单位共同建立了四川省植物资源共享平台，其中包括四川植物数据库、四川珍稀特危植物数据库、四川引种保存植物数据库等 3000 多种植物信息,逐步开放四川林木种质资源数据库、四川农作物种质资源数据库、四川特异优异农作物种质资源数据库、四川蔬菜种质资源数据库、四川饲用植物数据库、四川草种质资源数据库、四川野生花卉植物数据库、四川园林绿化植物数据库等。但四川省农业种质资源大数据平台仍未建立,数字化动态监测、信息化监督管理程度低,资源信息未完全实现互通,种质资源共享利用程度低,优异种质资源信息与实物共享利用存在障碍。

一、四川省种质资源中心库

2020 年四川启动了四川省种质资源中心库的建设工作,2023 年全面建成,借助四川省种质资源中心库平台,整合互通四川各类种质资源数据库,构建四川省农业种质资源大数据平台,完善种质资源数据库和信息系统。一是完善农作物种质资源信息和数据库,建立种质电子档案信息,创建种质资源档案独有的二维码。完善种质采集地图、存储种质数量、数据的周期变化等数据信息,为检索、处理、信息互通等提供依据。二是农作物种质资源共享信息服务平台建设,定期发布优异种质资源目录,提供网上查询、申请、获取服务,建立一个种质资源信息采集、加工、整合的场所,以及各类用户查询和管理种质资源信息的统一窗口,形成开放式、自主式且界面统一的管理平台。主要包含种质资源采集管理、种子管理、苗木管理、离体管理、鱼类管理、畜牧禽类管理、微生物(菌类)管理、库存管理、实验室管理、药品耗材管理、系统功能、种质资源 APP 和种质资源管理系统大数据平台。三是构建四川省农业种质资源大数据平台,与国家和省级农业种质资源信息交汇、共享利用、监管等信息平台衔接,与中国种业大数据平台相衔接,将四川各保护单位、库、圃、场等统一管理,实现国家与省级之间、保护单位之间信息的互联互通与共享查询,为农业种质资源保护利用信息化管理提供有力支撑,推进数字化动态监测、信息化监督管理。

二、四川省种质资源信息管理系统

2022 年,为更好更快地发展四川省种子站,搭建四川省种质资源信息管理系统,以实现全省对作物资源信息的集中管理,克服资源数据的个人或单位占有、互相保密封锁的状态,使分散在全省各地的种质资源变成可供迅速查询的种质信息,为农业科学工作者和生产者全面了解作物种质的特性、拓宽优异资源和遗传基因的使用范围,培育丰产、优质、抗病虫、抗逆新品种提供新的手段,为作物遗传多样性的保护和持续利用提供重要依据。

四川省种质资源信息管理系统用于管理粮、棉、油、菜、果、糖、烟、茶、桑、牧草、绿肥等作物的野生、地方、选育、引进种质资源和遗传材料信息,包括种质收集、引种、保存、监测、繁种、更新、分发、鉴定、评价和利用数据,为领导部门提供作物资源保护和持续利用的决策信息,为作物育种和农业生产部门提供优良品种资源信息,为社会公众提供作物品种及生物多样性方面的科普信息。

建设四川省种质资源信息管理系统,构建种质资源信息网络和管理信息平台。一是搭建省级种质资源信息服务平台,实现各种质品类库之间信息可靠、安全地交换,存储和处理,基本实现种质资源工作全流程的网络信息化。二是初步建立海量、快速、整合和安全的种质资源数据研究和整合平台,提高种质资源表型数据完整度。三是为后续实现我省种质资源出入库的自动化和智能化的监控与管理提供基础。建立我省种质资源信息服务大平台，跟踪获取每份种质的利用和评价信息。四是建立品种资源的数据库共享体系，及时向行业发布信息。最终建设出高层次、宽范围的种质资源管理系统，实现种质资源信息的快速采集、数据精确提纯和动态监测。系统建成后将依托本系统，为全省、市（州）、县（市、区）多层级农业种质资源利用、品种审定、质量管理的单位和育种企业提供一个信息综合交换、业务综合协同的数据资源平台。进一步为各级种质资源管理部门决策提供精准数据化支持。

（一）四川省种质资源信息管理系统架构设计

本系统使用 B/S 的三层构架，即浏览器/服务器结构。

第一层是浏览器，即客户端，只有简单的输入输出功能，处理极少部分的事务逻辑。由于客户不需要安装客户端，只要有浏览器就能上网浏览，所以它面向的是大范围的用户，界面设计得比较简单，通用。

第二层是 Web 服务器，扮演着信息传送的角色。当用户想要访问数据库时，就会首先向 Web 服务器发送请求，Web 服务器统一请求后会向数据库服务器发送访问数据库的请求，这个请求是以 SQL 语句实现的。

第三层是数据库服务器，扮演着重要的角色，因为它存放着大量的数据。当数据库服务器收到了 Web 服务器的请求后，会对 SQL 语句进行处理，并将返回的结果发送给 Web 服务器，之后 Web 服务将收到的数据结果转换为 HTML 文本形式发送给浏览器，也就是我们打开浏览器看到的界面。

在 B/S 模式中，用户是通过浏览器针对许多分布于网络上的服务器进行请求访问的，浏览器的请求通过服务器进行处理，并将处理结果以及相应的信息返回给浏览器，其他的数据加工、请求全部都是由 Web 服务器完成的。该结构已经成为当今软件应用的主流结构模式。它具有成本低、维护方便、分布性强、开发简单，可以不用安装任何专门的软件就能实现在任何地方进行操作，客户端零维护，系统的扩展非常容易，只要有一台能上网的计算机就能使用。

（二）四川省种质资源信息管理系统功能模块设计

系统的功能模块有用户登录、退出，种质资源信息登记，种质资源鉴定评价，资源保护单位信息登记，系统管理，大数据展示平台，个人设置等几大模块，对用户提交的数据进行关联，将种质资源实物管理和性状数据整合在同一信息系统，极大地提高了种质资源信息化管理效率。

第五节　加强宣传教育与合作交流

依托四川省种质资源中心库、中国天府农业博览园等资源库，设立农业种质资源保护利用专题展示区（馆），建立农业种质资源研学基地，举办种质资源主题文化活动，大力开展科普教育和宣传活动，引导全社会加强对农业种质资源保护利用的关注与支持，增强全民保护种质资源的意识。

　　加强农业种质资源保护利用相关法律法规的宣传，营造依法保护利用的良好环境。充分利用主流媒体、新兴媒体，积极参加和举办相关博览会、专业论坛，宣传展示特色农业种质资源保护与利用成果。

一、加强种质资源共享利用

　　充分发挥优势、加强合作交流是提高种质资源保护开发利用的重要方式，相关的工作部门应该在符合法律法规的基础上加强合作，尤其是科研单位需要加强种质收集保护和育种工作的合作，实现资源的产业化开发。

二、加强与国内相关机构的合作

　　加强顶层设计，明确各级各类库、圃定位，既要避免重复建设，又要实现全面覆盖、稳定运行。建立国家农业种质资源共享利用交易平台，开展信息与技术交流，加大种质资源实物展示和信息发布力度。积极探索各类作物种质资源分类赋权和共享交流机制，激发从事种质资源创新工作人员的积极性，促进优异种质资源高效共享利用。

三、强化种质资源国际交流合作

　　目前，我国尚未加入《粮食和农业植物遗传资源国际条约》，难以从多边系统正常获取国外种质资源，亟须全面分析利弊，积极推进。加快国外引种隔离检疫基地建设，强化生物安全措施，支持建立种质资源引进"绿色通道"。同时，加强与世界各地科研机构及相关单位的联系，建立合法有效的合作平台，实现对种质资源的信息共享和经验交流，促进种质资源的保护、开发和利用。

参考文献

包世英. 2016. 蚕豆生产技术. 北京: 北京教育出版社.

曹永生, 张贤珍, 白建军, 等. 1997. 中国主要农作物种质资源地理分布. 地理学报, 52(1): 10-17.

陈涛. 2012. 中国蚕桑产业可持续发展研究. 重庆: 西南大学博士学位论文.

崔阔澍, 胡建军, 程明军, 等. 2023. 四川省薯类产业发展概述. 四川农业科技, (1): 1-4.

邓秀新, 王力荣, 李绍华, 等. 2019. 果树育种 40 年回顾与展望. 果树学报, 36(4): 514-520.

方智远. 2017. 中国蔬菜育种学. 北京: 中国农业出版社.

冯宗云. 2006. 大麦特异遗传资源分子生物学研究. 成都: 四川科学技术出版社.

傅廷栋. 1994. 刘后利科学论文选集. 北京: 北京农业大学出版社.

古丽米拉·热合木土拉, 徐琳黎, 刘易, 等. 2021. 马铃薯种质资源保存现状及改进策略. 现代农业科技, (12): 91-92, 95.

谷茂, 丰秀珍. 2000. 马铃薯栽培种的起源与进化. 西北农业学报, (1): 114-117.

谷茂, 马慧英, 薛世明. 1999. 中国马铃薯栽培史考略. 西北农业大学学报, (1): 80-84.

广西农学院农场. 1960. 甘薯良种"胜利百号". 广西农业科学, (6): 37-38.

国家统计局. 2022. 中国统计年鉴: 2022. 北京: 中国统计出版社.

韩天富, 周新安, 关荣霞, 等. 2021. 大豆种业的昨天、今天和明天. 中国畜牧业, (12): 29-34.

何大彦, 任作瑛, 孙继忠, 等. 1986. 四川桑树品种资源调查研究: 地理分布与性状鉴定. 作物品种资源, (4): 8-10.

何飞, 刘兴良, 王金锡, 等. 2004. 四川野生果树资源种类、地理分布及其开发利用研究. 四川林业科技, 25(1): 6.

何雪银, 文仁来, 田树云, 等. 2022. 玉米单交种桂单 0826 的选育. 中国种业, 2(3): 97-99.

宦杰, 李晓佳, 高云鹏, 等. 2021. 国之重器 中国西南野生生物种质资源库: 植物学家李德铢和"种子世界". 人与自然, (2): 12.

黄盖群, 刘刚, 任作瑛, 等. 2009. 四川省桑树品种区试参试品种产量与质量性状分析. 安徽农业科学, 37(1): 2.

黄钢, 谢江, 林丽萍, 等. 1998. 四川甘薯的加工与利用. 西南农业学报, (S1): 118-123.

黄立飞, 陈景益, 邹宏达, 等. 2020. 广东甘薯遗传育种研究进展与展望. 广东农业科学, 47(12): 62-72.

贾江平. 2023. 初探种质资源鉴定的重要性. 种子科技, 41(2): 138-140.

江苏省农业科学院, 山东省农业科学院. 1984. 中国甘薯栽培学. 上海: 上海科学技术出版社.

江苏徐州甘薯研究中心. 1993. 中国甘薯品种志. 北京: 中国农业出版社.

蒋梁材, 张德发, 张启行, 等. 1998. 我院油菜育种四十八年之回顾. 西南农业学报, (S1): 106-113.

蒋猷龙. 1982. 西阴村半个茧壳的剖析. 蚕业科学, (1): 39-44.

雷涌涛, 隆文杰, 周国雁, 等. 2016. 云南糯玉米种质资源的研究与利用. 河南农业科学, 45(1): 1-7.

李利霞, 陈碧云, 闫贵欣, 等. 2020. 中国油菜种质资源研究利用策略与进展. 植物遗传资源学报, 21(1): 1-19.

李映发. 2003. 清初移民与玉米甘薯在四川地区的传播. 中国农史, (2): 7-13.

林菁华. 2012. 我国油菜种质资源的搜集和研究. 河南农业, (21): 63-64.

林世成, 闵绍楷. 1991. 中国水稻品种及其系谱. 上海: 上海科学技术出版社: 3.

刘长臣, 刘喜才, 张丽娟, 等. 2010. 马铃薯国外引种的探讨和建议. 中国马铃薯, 24(2): 73-76.

刘刚. 2008. 四川桑树种质资源研究现状与展望. 安徽农业科学, 36(33): 2.

刘娟, 吴传秀, 李艳红. 2018. 供给侧结构性改革下四川蔬菜产业如何突围. 长江蔬菜, (19): 3-5.

刘喜才, 张丽娟, 孙邦升, 等. 2007. 马铃薯种质资源研究现状与发展对策. 中国马铃薯, (1): 39-41.

刘旭, 黎裕, 曹永生, 等. 2009. 中国禾谷类作物种质资源地理分布及其富集中心研究. 植物遗传资源学报, 10(1): 1-8.

卢学兰, 崔阔澍. 2019. 四川甘薯产业发展及品种应用. 中国种业, (3): 30-34.

卢学兰, 牟锦毅, 章锐. 2007. 四川马铃薯产业发展现状及对策措施 // 中国作物学会马铃薯专业委员会, 全国农业技术推广服务中心. 2007 年中国马铃薯大会 (中国马铃薯专业委员会年会暨学术研讨会)、全国马铃薯免耕栽培现场观摩暨产业发展研讨会论文集. 哈尔滨: 哈尔滨工程大学出版社: 4.

卢振宇, 贾代成, 孙秀枝, 等. 2023. 玉米单交种淄玉 906 的选育及高产栽培技术与推广. 农业科技通讯, 1: 203-205.

鲁成, 计东风. 2017. 中国桑树栽培品种. 重庆: 西南师范大学出版社.

陆国权. 1992. 中国甘薯育成品种系谱. 作物品种资源, (1): 14-15.

陆漱韵, 刘庆昌, 李惟基. 1998. 甘薯育种学. 北京: 中国农业出版社: 20, 29, 30.

罗其友, 刘洋, 高明杰, 等. 2015. 中国马铃薯产业现状与前景. 农业展望, 11(3): 35-40.

罗小敏. 2009. 国内主要甘薯种质资源的遗传多样性研究. 重庆: 西南大学硕士学位论文.

马代夫, 李强, 曹清河, 等. 2012. 中国甘薯产业及产业技术的发展与展望. 江苏农业学报, 28(5): 969-973.

马代夫, 刘庆昌, 张立明, 等. 2021. 中国甘薯. 南京: 江苏凤凰科学技术出版社: 72, 129.

闵绍楷, 吴宪章, 姚长溪, 等. 1988. 中国水稻种植区划. 杭州: 浙江科学技术出版社: 93-98.

牟锦毅. 2022. 四川水果产业发展报告. 北京: 中国农业科学技术出版社.

邱红梅, 陈亮, 侯云龙, 等. 2021. 大豆种子颜色遗传调控机制研究进展. 作物学报, 47(12): 2299-2313.

邱丽娟. 2006. 大豆种质资源描述规范和数据标准. 北京: 中国农业出版社: 35-40.

任光俊. 2018. 中国水稻品种志 四川重庆卷. 北京: 中国农业出版社: 39-41.

沈稼青, 陈应东, 冯祖虾, 等. 1992. 广东甘薯品种资源杂交不亲和群的鉴定及分析研究. 中国农业科学, (1): 22-31.

四川省地方志编纂委员会. 1996. 四川省志·农业志. 上册. 成都: 四川科学技术出版社.

四川省农业科学院. 1991. 四川稻作. 成都: 四川科学技术出版社.

四川省统计局. 2022. 四川统计年鉴: 2022. 北京: 中国统计出版社.

宋健. 2012. 大豆种皮色相关基因定位与利用研究. 哈尔滨: 哈尔滨师范大学硕士学位论文.

孙慧生. 2003. 马铃薯育种学. 北京: 中国农业出版社.

孙琦, 李文才, 于彦丽, 等. 2016. 美国商业玉米种质来源及系谱分析. 玉米科学, 24(1): 8-13.

唐建敏, 郭雅丹, 汪婷, 等. 2012. 荥经枇杷茶野生大茶树主要品质生化成分研究. 四川农业大学学报, 30(4): 424-428.

唐君, 周志林, 张允刚, 等. 2009. 国内外甘薯种质资源研究进展. 山西农业大学学报（自然科学版）, 29(5): 478-482.

佟屏亚. 1990. 中国马铃薯栽培史. 中国科技史料, (1): 10-19.

王建林. 2009. 中国西藏油菜遗传资源. 北京: 科学出版社.

王舰. 2018. 马铃薯种质资源遗传多样性研究及块茎性状的全基因组关联分析. 北京: 中国农业大学博士学位论文.

王力荣. 2018. 果树种质资源考察收集 // "第三次全国农作物种质资源普查与收集行动" 2018 年系统调查与收集培训班. 四川成都.

王力荣, 吴金龙. 2021. 中国果树种质资源研究与新品种选育 70 年. 园艺学报, 48(4): 749-758.

王小燕, 李章成, 董秀春, 等. 2023. 基于遥感和 "两区" 划定耕地数据的农作物面积估算分层抽样体系研究. 中国农业信息, 35(1): 10-26.

王欣, 李强, 曹清河, 等. 2021. 中国甘薯产业和种业发展现状与未来展望. 中国农业科学, 54(3): 483-492.

王英男, 齐广勋, 赵洪锟, 等. 2020. 不同种皮颜色大豆地方资源的遗传多样性. 分子植物育种, 18: 1-18.

王章英, 唐朝臣, 江炳志, 等. 2021. 1978—2016 年广东甘薯育成品种系谱与亲本利用分析. 广东农业科学, 48(8): 29-37.

项超, 孙素丽, 朱振东, 等. 2021. 四川豌豆种质资源白粉病抗性及分子鉴定. 作物杂志, 3: 51-56.

谢从华, 柳俊. 2021. 中国马铃薯引进与传播之辨析. 华中农业大学学报, 40(4): 1-7.

谢江, 谢开云, 李华佳, 等. 2014. 四川省甘薯、马铃薯贮藏加工现状与发展建议. 农业工程技术（农产品加工业）, 6: 40-44.

谢一芝, 郭小丁, 贾赵东, 等. 2018. 中国食用甘薯育种现状及展望. 江苏农业学报, 34(6): 1419-1424.

解松峰, 欧行奇, 张百忍, 等. 2010. 大麦引进种质资源表型的多样性与模糊聚类分析. 干旱地区农业研究, 28(5): 5-14.

徐成勇, 杨绍江, 陈学才, 等. 2015. 四川马铃薯周年生产季节性专用品种选育策略. 中国种业, 2: 11-16.

徐继汉. 1985. 四川省桑树品种资源资料汇编. 成都: 四川省丝绸公司蚕茧生产部.

徐建飞, 金黎平. 2017. 马铃薯遗传育种研究: 现状与展望. 中国农业科学, 50(6): 990-1015.

徐勇, 李华, 朱春梅. 2013. 四川马铃薯产业形势分析及展望. 农村经济, 2: 64-66.

许为钢, 胡琳, 张磊, 等. 2012. 小麦种质资源研究、创新与利用. 北京: 科学出版社.

鄢东海. 2009. 贵州茶树种质资源研究进展及野生茶树资源调查. 贵州农业科学, 37(7): 184-187.

杨彪, 石佳佳, 蒋佳, 等. 2020. 四川省 2019 年蚕桑产业发展回顾. 四川蚕业, 48(1): 3.

杨光伟. 2003. 中国桑属（*Morus* L.）植物遗传结构及系统发育分析. 重庆: 西南农业大学硕士学位论文.

杨令贵. 1989. 墨西哥野生玉米种质资源利用研究初报. 西南农业学报, 2(1): 79-80.

杨淑筠, 蒋梁材. 1996. 四川油菜品种资源的收集保存和评价利用. 西南农业学报, 9: 83-87.

杨万江. 2011. 稻米产业经济发展研究（2011 年）. 北京: 科学出版社: 276.

杨新笋. 2016. 基于 SSR、SNP 和形态学标记的甘薯种质资源遗传多样性研究. 北京: 中国农业大学博士学位论文.

叶茵. 2003. 中国蚕豆学. 北京: 中国农业出版社.

应存山. 1993. 中国稻种资源. 北京: 中国农业科学技术出版社: 338.

应存山, 盛锦山, 罗利军, 等. 1991. 中国优异稻种资源. 北京: 中国农业科学技术出版社: 108.

云南师范大学马铃薯科学研究院. 2022. 二倍体马铃薯实生种杂交育种进展. 云南科技管理, 35(6): 69-72.

张丽, 曹永强, 武丽石, 等. 2010. 大豆起源与进化浅析. 杂粮作物, 30(6): 396-399.

张丽莉, 宿飞飞, 陈伊里, 等. 2007. 我国马铃薯种质资源研究现状与育种方法. 中国马铃薯, 4: 223-227.

张明荣, 吴海英, 邓丽, 等. 2007. 四川省豆类作物生产、科研现状与优势区域布局. 杂粮作物, 2: 157-158.

张鹏. 2015. 我国薯类基础研究的动态与展望. 生物技术通报, 31(4): 65-71.

张世煌, 田清震, 李新海, 等. 2006. 玉米种质改良与相关理论研究进展. 玉米科学, 14(1): 1-6.

张姝鑫, 王毅, 景玉川, 等. 2019. 马铃薯育种现状与改良方法研究. 农业与技术, 39(19): 88-89.

张文驹, 戎俊, 韦朝领, 等. 2018. 栽培茶树的驯化起源与传播. 生物多样性, 26(4): 357-372.

张新, 王振华, 张前进, 等. 2010. 河南省地方玉米种质资源的现状及利用情况. 农业科技通讯, 4: 122-123.

张志方, 张守林, 张素娟, 等. 2023. 国审玉米单交种'浚单658'的选育及启示. 农学学报, 13(2): 5-9.

赵冬兰, 唐君, 曹清河, 等. 2015. 中国甘薯地方种质资源遗传多样性分析. 植物遗传资源学报, 16(5): 994-1003.

郑殿升. 2010. 中国燕麦的多样性. 植物遗传资源学报, 11(3): 249-252.

郑南. 2010. 美洲原产作物的传入及其对中国社会影响问题的研究. 杭州: 浙江大学博士学位论文.

中国农业科学院蔬菜花卉研究所. 2009. 中国蔬菜栽培学. 北京: 中国农业出版社.

中国农业科学院作物品种资源研究所. 1996. 中国燕麦品种资源目录（第二辑）. 北京: 中国农业出版社: 2-79.

钟渭基. 1980. 四川野生大茶树与茶树原产地问题. 今日种业, (2): 32-35.

周邦君. 2010. 甘薯在清代四川的传播及其相关问题. 古今农业, 2: 94-104.

朱永清, 梁强, 谢江. 2016. 加快推进四川甘薯加工业发展的建议. 四川农业科技, (6): 52-54.

庄巧生. 2002. 中国小麦品种改良及系谱分析. 北京: 中国农业出版社.

宗绪晓. 2016. 豌豆生产技术. 北京: 北京教育出版社.

Troyer A F, 姚杰, 黎裕. 2007b. 美国当代玉米种质资源的历史演变 II. 自交系. 作物杂志, 4: 1-6.

Troyer A F, 姚杰, 李新海. 2007a. 美国当代玉米种质资源的历史演变 II. 种族与品种. 作物杂志, 3: 4-9.

Abe J, Xu D, Suzuki Y, et al. 2003. Soybean germplasm pools in Asia revealed by nuclear SSRs. Theoretical and Applied Genetics, 106(3): 445-453.

An H, Qi X, Gaynor L M, et al. 2019. Transcriptome and organellar sequencing highlights the complex origin and diversification of allotetraploid *Brassica napus*. Nature Communications, 10(1): 1 12.

Chai L, Cui C, Zheng B, et al. 2023. Global and comparative proteome analysis of nitrogen-stress responsive proteins in the root, stem and leaf of *Brassica napus*. Phyton, 92(3): 645-663.

Gallardo R K, Nguyen D, McCracken V, et al. 2012. An investigation of trait prioritization in rosaceous fruit breeding programs. HortScience, 47(6): 771-776.

Hawkes J G. 1990. The Potato: Evolution, Biodiversity and Genetic Resources. London: Belhaven Press.

Kang L, Qian L, Zheng M, et al. 2021. Genomic insights into the origin, domestication and diversification of *Brassica juncea*. Nature Genetics, 53(9): 1392-1402.

Lu K, Wei L, Li X, et al. 2019. Whole-genome resequencing reveals *Brassica napus* origin and genetic loci involved in its improvement. Nature Communications, 10(1): 1-12.

McClarty J S, Ahern J, Qenani-Petrela E. 2007. Consolidation in the California fresh stone fruit industry. Journal of Food Distribution Research, 38(1): 81-88.

Troyer A F. 2004. Background of U.S. hybrid corn II: breeding, climate, and food. Crop Science, 44(2): 370-380.

Wet J M J D, Harlan J R. 1971. The origin and domestication of *Sorghum bicolor*. Economic Bot, 25(2): 128-135.